生态文明教育理论与实践探索

冉毅东◎著

U0334707

線裝書局

图书在版编目（CIP）数据

生态文明教育理论与实践探索/冉毅东著.--北京：
线装书局，2024.1
ISBN 978-7-5120-5838-5

Ⅰ.①生… Ⅱ.①冉… Ⅲ.①生态环境－环境教育－
研究 Ⅳ.①X321.2

中国国家版本馆 CIP 数据核字(2024)第 032838 号

生态文明教育理论与实践探索
SHENGTAI WENMING JIAOYU LILUN YU SHIJIAN TANSUO

作　者：	冉毅东	
责任编辑：	林　菲	
出版发行：	**线装書局**	
地　址：	北京市丰台区方庄日月天地大厦 B 座 17 层（100078）	
电　话：	010-58077126（发行部）010-58076938（总编室）	
网　址：	www.zgxzsj.com	
经　销：	新华书店	
印　制：	北京四海锦诚印刷技术有限公司	
开　本：	787mm×1092mm　　1/16	
印　张：	10.75	
字　数：	206千字	
版　次：	2024年1月第 1 版第 1 次印刷	
定　价：	88.00 元	

线装书局官方微信

前　言

　　生态文明是一种积极的、良性发展的文明形态。必须指出的是，生态文明绝对不是要消极地拒绝发展，更不是一种停滞或倒退，而是要通过能源生产效率和资源利用效率的提高，通过人类在生产生活方式上的根本转变，改善人与自然的关系，实现人与自然和谐、健康发展的既定目标。生态文明是可持续发展的文明。生态文明包括了人类的可持续发展以及自然的可持续发展，二者是和谐统一的。人类所有生产生活建设、资源能源开采等利用环境和生态的活动，都必须考虑到能源的不可再生性和环境的可承载量，以可持续发展为根据，进行合理的开发利用。总而言之，生态文明是以构造人与自然和谐发展的社会为目的，以环境资源承载力为基础，以可持续的社会经济政策为手段的一种遵循自然规律的新型文明形态。生态文明意味着人类思维方式与价值观念的重大转变，这就要求生态文明的建设必须以生态文化的繁荣创新为先导，力求建构以人与自然和谐发展理论为核心的生态文化。

　　生态文明教育是指通过教育手段，培养人们对生态环境认识和保护的意识，促进人与自然和谐发展。生态文明教育是一种全面的教育，它不仅仅是一种知识的传授，更是一种价值观的塑造和行为方式的养成。本书对生态文明教育的背景、内涵、理论基础进行深入研究，对其教育模式进行详细的阐述与剖析，对生态文明教育体系的指导思想、目标内容、机制建构、实施原则、途径与方法等进行探究与总结，并提出将生态文明教育引入学校、引入社区的实践探索。本书综合运用了马克思主义人民立场、实践观点、科学方法，所提出的观点在理论界具有一定的实践价值。

　　在本书写作的过程中，参考了许多参考资料以及其他学者的相关研究成果，在此表示由衷的感谢。鉴于时间较为仓促，水平有限，书中难免出现一些谬误之处，因此恳请广大读者、专家学者能够予以谅解并及时进行指正，以便后续对本书做进一步的修改与完善。

目　　录

第一章　生态文明建设概论

第一节　生态文明的内涵

一、生态文明的概念

生态文明不是一种局部的社会经济现象，而是相对于农业文明、工业文明的一种社会形态，是比工业文明更进步、更高级的人类文明新形态。应该说，生态文明是一个既高度复杂又有着广泛认同的概念。关于生态文明的概念，大致有以下三种观点。

第一，生态文明是"人类在改造客观世界的同时，又主动保护客观世界，积极改善和优化人与自然的关系，建设良好的生态环境所取得的物质与精神成果的总和"。这种观点认为，生态文明是相对于物质文明、政治文明、精神文明的一种文明形态，是人类改造生态环境，实现生态良性发展成果的总和；强调良好的生态环境是人类生存和发展的基础；要求人类尊重自然、善待自然、保护自然。

第二，生态文明是"把社会经济发展与资源环境协调起来，即建立人与自然相互协调发展的新文明"。这种观点认为人类在改造客观世界的各种实践中，要以人类与生态环境的共存为价值取向，实现自然生态平衡与人类自身经济目标相统一，强调生态文明是生产发展、生活富裕、生态良好的文明。

第三，生态文明是"人类能够自觉地把一切社会经济活动都纳入地球生物圈系统的良性循环运动。它的本质要求是实现人与自然和人与人双重和谐目标，进而实现社会、经济与自然的可持续发展和人的自由全面发展"。这种观点要求社会生态系统的良性运行，社会各种关系的相互和谐，实现人类的一切活动既能满足人与自然的协调发展，又能满足人的物质需求、精神需求和生态需求，它追求的是人与自然、人与人和谐发展的境界。

这里所讲的生态文明，是指人类以遵循人、自然、社会和谐发展这一客观规律为基础而取得的物质与精神成果的总和，是以人与自然、人与人、人与社会和谐共生、良性循环、全面发展、持续繁荣为基本宗旨的文化伦理形态它不仅反映了伦理价值观的转变，也体现了生产和生活方式的转变。它是指人类在开发利用自然的过程中，从维护社会、经济、自然系统的整体利益出发，尊重自然、保护自然，致力于现代化的生态环境建设，提高环境质量，使现代经济社会活动的发展建立在生态系统良性循环的基础之上，有效解决人类经济活动需要同自然环境系统供给之间的矛盾，实现人与自然的协同进化。生态文明要求人类摆脱工业文明中为增长而增长的经济发展模式，从现代科学技术的整体性出发，把人类与生物圈的共存作为发展生产力的价值取向，实现由单纯追求经济目标向追求"生态——社会——经济"复合目标的转变，保持地球文明与人类文明的和谐与统一。

二、生态文明的主要特征

文明的发展是一个历史过程。目前，生态文明正处于不断发展的过程中，其内涵也在不断丰富之中。为了了解生态文明的发展趋势和方向，我们需要深刻理解生态文明的主要特征。

（一）平等性是生态文明最根本的特征

生态平等包括人自然平等、代际平等和代内平等。人自然平等要抛弃"极端人类中心主义"，使人与自然平等相处；要求人类有意识地控制自己的行为，合理地控制利用改造自然界的程度，维护生态环境的完整稳定，保持生物的多样性。代际平等，即当代人与后代人共同享有地球资源与生态环境，当代人对环境资源的利用不能妨碍、透支后代人对环境资源的利用，建立有限资源在不同代际的合理分配与补偿机制。代内平等就是当代人在利用自然资源满足自身利益时要机会平等，任何国家和地区的发展都不能以损害其他国家和地区的发展为代价。

生态文明观告诉我们，人类与自然处在复杂的生态系统中，人与其他物种没有高低之分，对整个生态系统而言，都具有不可缺少性，共同维持整个生态系统的稳定和完整。生态文明是在消除工业文明的一些不平等方式的发展模式。

第一，消除人与自然的不平等关系。在工业文明时代，人类把自身的发展建立在掠夺自然的基础上，而在生态文明时代，人类的发展建立在人与自然平等的基础上，实现人类与自然的和谐发展。

第二，努力消除国家之间的不平等。生态文明时代着眼于全人类的平等与发展，承认人类在地球上存在的唯一性，从人类统一的高度来认识民族国家的存在，从而认为任何民族的存在与发展都必须以其他民族的存在与发展为前提，即人类是一个密不可分的整体。因此，从全球范围来看，生态文明的发展，迫切需要建构一个以维护世界和平与发展、民族平等为核心的，公正、公平的世界政治经济新秩序。

第三，在国家内部，生态文明强调全体社会成员公正平等的地位，人人要为国家层面的人类生态系统做出应有的贡献，同时也拥有公平地享受这个系统的好处，也就是"人人都能过上高质量的生活，都有受教育的机会，都能得到卫生医疗保健，都有丰富健康的文化娱乐生活，都能享受到社会发展的成果"。人类在追求代内平等的同时，还要追求代际平等，实现占有社会产品和自然资源的数量、质量与承担生态责任之间的统一，为后代人保留优美的生态环境和发展资源。

（二）多元化共存是生态文明最基本的特征

在自然生态系统中，不同物种之间相互共存、相互制约。这种关系可以保持整个生态系统的稳定，而不会因某种生物的过分发展而导致其他物种的灭绝。

在人类社会的生态文明发展进程中，要正确处理人与自然的关系，不能因为人类的过度发展，而导致其他生物物种的消失，更不能导致地球生态系统的破坏。目前，地球仍是唯一适合生物生存的星球。因此，人类要有计划地控制人口发展，积极保持生物物种的多样性，维护地球生态大系统的平衡与完整。

同时，要正确处理人与人的关系，消除工业文明的单一化发展模式和高消费的生活方式。生态文明要建构多元化共存的模式。在世界各国的竞争与共生的态势下，由于地域、民族、文化传统、社会制度、社会发展水平的不同，各国生态文明发展的程度也不同。如何让人类文明在多元化的时空中共享和发展，充分发展和全面提升全世界的民族多样性，实现生态文明的全球化与本土化的和谐统一，最终使人类社会的文明像多样化物种共生的生态自然一样实现生态化，是人类在生态文明时代的主要历史使命。

（三）循环再生是生态文明最显著的特征

生态文明作为对充满灰色的工业文明模式的超越，是深刻反思传统非绿色工业文明模式的理论成果，对新时期的物质文明建设具有重大方法论意义。生态文明主张以循环生产模式替代线性增长模式，以资源输入减量化，产品和服务使用寿命高效化，废物再资源化为原则，把经济活动组织成一个"资源——产品——再生资源——再生产品"的循环流动过程，以最小的资源和环境成本，取得最大的经济社会效益。

自然生态系统能够保持稳定与发展的一个重要原因，就是其内部的循环再生机制。从无机环境和太阳光能中获取生命所需要的物质与能量的植物，到以植物为食物的食草动物，再到以食草动物为食物的食肉动物，最后还有以腐生物为食的数量巨大的微生物，这样就构成了一个循环再生的生物链系统。在这个循环再生的生物链系统中，自然界中的物质从生产到消费，又经过微生物的分解回到自然中，这种物质循环再生中没有"废物"之说。

而工业文明的生产方式就是缺乏这种循环再生机制，它是高消费刺激高产出、高产出凭借高投入、高投入引起高消费和高污染，形成了"生产——消费——污染"的恶性循环。人类生态文明的发展模式必须按照循环再生的机制去建构。

可喜的是，循环再生机制已经被世界各国所认可，并在积极的发展之中。世界各国的发展逐渐形成了"资源——产品——消费——再生资源"的物质反复循环利用的经济发展模式，实现低开采、高利用、低排放，努力实现经济效益、生态效益和社会效益的最大化，目前，"3R"原则正成为循环再生机制的操作原则。

第一，减量化（Reduce）原则，目的是减少进入循环再生系统中的物质，节约资源和能源；第二，再利用（Reuse）原则，目的是提高产品和服务的利用效益，比如要求许多产品的包装多次使用；第三，再循环（Recycle）原则，产品完成使用功能后进入循环再生系统，经过技术处理重新变成资源。

"3R"原则就是通过建构无数个大大小小的循环再生系统，促使整个生态文明健康稳步发展。

生态文明是在和谐的生态发展环境、科学的生态发展意识和健康有序的生态运行机制的基础上，实现经济、社会、生态的良性循环与发展，它是人类追求可持续发展的一种新文明形态。生态文明将人类的发展与整个自然生态系统的发展联系在一起，以人类与自然的相互作用为中心，强调自然界是人类生存与发展的基础，倡导对自然的开发利用要按照可持续发展的要求，既满足当代人的需求，又不损害后代人的生存与发展。

总之，人类在处理人与自然的关系时，要尊重自然界的生物物种，保护地球上生物的多样性，关心生态系统的稳定，保护生态生产力的发展。人类在开发利用自然资源时，要以不破坏地球生态系统的承载能力为标准，加强物质的高效利用与循环再生，增强生态文明观念，树立有利于节约资源与能源，保护生态环境的绿色消费方式，最终建立起一个生态文明社会。

三、生态文明建设的内容

生态文明理念必须落实到生态文明建设实践。那么，生态文明建设必须从哪些方面入手呢？

（一）生态文明建设的四块基石

生态文明要克服经济发展与生态环境恶化的矛盾。一方面，要解决资源短缺、环境污染、生态恶化问题，这是生态文明建设的根本出发点；另一方面，要转变经济发展方式，降低经济发展的生态环境代价，提高两者的协调程度，这是生态文明建设的根本出路。资源、环境、生态、协调共同构成生态文明建设的四块基石。

1. 资源可持续利用

美国著名生态经济学家赫尔曼·戴利曾提出可持续发展必须坚持的"戴利三原则"①：不可更新资源的使用速度不能超过替代资源的开发速度；可更新资源的使用速度不能超过更新速度；人类活动产生的污染不能超过自然的阈值。前两个原则对于资源可持续利用具有重要启发意义。

资源短缺问题不是一个孤立的问题，它与资源自然储量、资源利用水平以及人口数量等均紧密相关。中国资源储量总体上比较丰富，但由于人口众多，利用率又偏低，因此导致资源紧缺。

解决资源问题，遵循戴利原则，重点在于"保护、节约、提效、开发"并举：保护耕地、林地、草地、淡水等自然资源，并提高其自然生产力；调整产业结构，加快科技创新，降低单位 GDP 能耗和水耗，切实做到节能、节水、节地、节材；发展循环经济，提高不可再生矿石资源的利用效率，提高工业固体废物的循环利用效率；开发太阳能、风能、生物质能源等可再生能源，改善能源结构，降低对化石能源的依赖，实现能源的可持续利用。

2. 克服环境污染

污染是生产的负效应，生产有用产品的同时，也会排放相对无用的废弃物，20 世纪下半叶以后，环境污染急剧爆发，原因在于，在传统的工业化发展模式下，人类累积排放的废弃物超过了自然环境的自净能力阈值。这要求改变以往"末端治理"的污染治理模式，转变整个生产方式，坚持"减量化、再使用、再循环"的"3R"污染治理模式，尽量将产生的污染控制在自然自净能力的阈值之内。要重点加强循环型生态工业园区建设，减少工业废气、废水、废渣排放，提高工业废气达标排放率和工业污水达标排放率标准，减少一次性生活用品使用量，延长产品的生命周期，提高再使用率，从源头上减少废弃物产生量，并加强循环型社会建设，变废为宝。

---

① 叶素红. 城市生态环境管理中的伦理问题研究 [D]. 重庆大学, 2009. DOI：10. 7666/d. y1664985.

环境污染具有地域性和时段性。一般在重化工业聚集地及重化工业迅速发展阶段，污染最为严重。在市场经济全球化的大背景下，产业布局也逐渐全球化，重化工业在全球范围内不断转移，因此污染也不断从一个地域转向另一个地域。而从一个国家或地区的历史发展来看，由于规模效应、技术效应和结构效应等内生机制的作用，以及环境质量需求、环境规制、市场机制、减污投资等外生机制的共同作用，环境污染往往呈现出"环境库兹涅茨曲线"假说揭示的发展趋势。该假说提出，环境质量与经济增长之间存在一种倒 U 型关系。在一国（地区）经济发展水平较低的阶段，该国（地区）环境质量随经济增长而恶化，但当该国（地区）经济发展水平到达某一高度之后，该国（地区）的环境质量会越过拐点，随着经济发展而相应改良。

在生态文明建设中，要把环境污染与经济发展阶段结合起来考虑。在治理环境污染时，随着经济规模不断扩大，要不断加强技术创新，实现产业结构转型升级，运用市场、法律等多种途径，加强污染治理投资，满足人们对良好环境质量的需求。

3. 维护生态健康

过去，人们更多关注的是与自身利益紧密相关的环境污染、资源短缺等问题。随着臭氧层空洞化、物种灭绝加剧、气候变暖等一系列生态问题的加剧，生态健康日益成为人们关注的热点，维护生态健康也就成为生态文明建设的重点任务。

生态健康恶化问题，是传统工业化发展模式过分干涉自然生态环境产生的问题。随着全球人口急剧增加，人类对资源消耗越来越多，污染排放累积量越来越大，人类的"生态足迹"越来越大，最终导致对大气层等更大的生态系统产生破坏性影响，从而导致了气候变暖等生态反常现象。

生态健康恶化问题是一个全球性问题，涉及不同国家和民族之间权利义务方面的公平和正义，因此更难解决。

要维护生态健康，必须坚持"保护与建设并举"战略。对于独特的森林、湿地、荒漠等生态系统或景观，对于珍稀濒危的野生动植物物种，必须加强自然保护区建设，严格保护，禁止开发。另一方面，要加大投资力度，积极进行生态建设。由于森林对于维护生态平衡、应对气候变化具有独特意义，因此必须继续落实深化退耕还林工程，切实推进宜林地植树造林工作。

4. 提高协调发展能力

生态环境不断恶化，归根结底是传统工业化模式发展不协调的结果。生态文明是以和谐为根本特征的文明。为了实现人与自然和谐相处，实现经济社会发展与生态环境改善的良性互动，就必须加强协调发展能力。

提高协调发展能力，首先要促进资源、环境、生态之间的协调。例如，提高废气、废水、废渣的无害化和资源化处理能力，变废为宝，将资源与生态环境协调起来，实现环境改善、资源再生、生态好转的统一。

提高协调发展能力，更重要的是促进资源、环境、生态与经济之间的协调发展。一方面，在经济发展过程中，必须降低单位 GDP 能耗、水耗和污染物排放，降低经济社会发展的生态、资源、环境成本；另一方面，要在经济发展的基础上，加强对生态环境建设的反哺，实现经济社会发展与生态环境改善的良性循环。

总之，目前生态文明建设的关键，就是要提高发展的协调程度。生态文明建设的重中之重，就是加强协调发展能力。

（二）生态文明建设的四个层面

生态文明建设，包括环境保护、生态建设、节能减排、产业升级等一系列内容，涉及物质生产层面的拓展，行为方式层面的转变，体制机制层面的创新，思想观念层面的革新等。以上四个层面，就是生态文明建设的基本层面。

1. 物质生产层面

在物质生产层面（或器物层面），必须由以往高投入、高污染、低效率的线性生产方式，转变为低投入、低污染、高效率的生产方式，在创造传统的物质财富的同时，更多地提供生态环保型产品，从而保障资源永续、环境良好和生态健康。

2. 行为方式层面

为了实现生态环境良好，必须依靠每个人的环保、生态化行为，包括新兴的绿色生产、生活、消费方式等，涉及生态经济和绿色科技的发展。绿色科技不仅是绿色生产生活方式的支撑，也是解决生态环境问题的关键。绿色生产生活方式和绿色科技的目的，不是为绿色而绿色，而是为了协调发展和可持续发展。

3. 体制机制层面

体制机制层面的创新，关键在于为人们的生态行为提供制度保障，通过经济、政治、法律制度的手段，对提供资源、环境和生态公共物品的行为，积极参与生态文明建设事业的人，予以精神和物质上的支持和鼓励，而对有害资源、环境和生态的行为，予以道义谴责和法律惩罚，实现环境正义。

4. 思想观念层面

物质生产层面的拓展、行为方式层面的转变、体制机制层面的创新，都需要思想观念层面的革新。必须在全社会普及生态科学知识，弘扬生态道德观念，牢固树立生态文明观念，将人与自然和谐相处的精神观念，内化到人们心灵深处，为生态文明建设提供智力支持和价值指导。

人与自然是生命共同体，人类必须尊重自然、顺应自然、保护自然。我们要建设的现代化是人与自然和谐共生的现代化，既要创造更多物质财富和精神财富以满足人民日益增长的美好生活需要，也要提供更多优质生态产品以满足人民日益增长的优美生态环境需要，必须坚持节约优先、保护优先、自然恢复为主的方针，形成节约资源和保护环境的空间格局、产业结构、生产方式、生活方式，还自然以宁静、和谐、美丽。加快建立绿色生产和消费的法律制度和政策导向，建立健全绿色低碳循环发展的经济体系。着力解决突出环境问题。加大生态系统保护力度。

党的十八大报告首次明确将生态文明制度建设纳入中国特色社会主义事业顶层设计，从器物层次、行为层次、制度层次和精神层次全方位地论述了生态文明建设的总体要求，系统化、完整化、理论化地论述了生态文明的战略任务。报告明确提出，要加强生态文明制度建设，通过刚性评价机制和硬约束推进生态文明建设，将生态文明建设的战略部署落到实处。生态文明制度建设的主要领域包括与生态文明建设要求相符的奖惩考核机制，国土空间开发、资源开发、环境保护制度，资源有偿使用制度和生态补偿制度，环境监管、责任追究制度和环境损害赔偿制度等。

节约能源资源和保护生态环境的产业结构、增长方式、消费模式、循环经济，讲的都是行为层次的内涵；可再生能源比重显著上升，主要污染排放得到有效控制，生态环境质量明显改善，讲的是器物层次的内涵；生态文明观念在全社会牢固树立，讲的是思想观念层次的内涵。虽然报告没有明确提到制度层次的内涵，但明确提出了生态文明建设的任务，并将其作为基本国策，本身就体现了中国在生态文明制度建设方面的重大突破。至于具体的政策和法制，在对器物层次、行为层次和精神层次的要求中就有所体现。

第二节　生态文明建设的理论基础

一、马克思、恩格斯生态文明思想

马克思和恩格斯是马克思主义思想体系的创始人和奠基人，他们以整个人类社会的历史、整个自然界、人类社会和人类思维的发展规律及其过程为考察对象，在其庞大的思想体系中，包含了丰富的生态文明理论。这些理论零散地存在于他们的经济、社会、政治、哲学等理论体系中，内容涉及人与自然辩证关系的思想，人类与自然界和谐发展的观点，以及正确处理人与自然关系的理论，这些理论不仅是对资本主义进行历史性考察和理论批判的世界观基础和方法论前提，也对当代人类解决环境问题和生态危机有着重要的指导意义，更是中国构建社会主义生态文明社会的理论基础和指导思想。

（一）马克思主义生态思想的基本内涵

1. 客观认识和看待自然界

马克思和恩格斯是唯物主义者，他们能够客观认识和看待自然界，既不把自然界作为信仰盲目崇拜，又对自然界怀有敬畏之心。马克思和恩格斯通过批判所谓"真正的社会主义"来表明他们对自然崇拜、自然神秘化的态度。"真正的社会主义"又称"德国的社会主义"，这是19世纪中期流行在德国高层知识分子中的一种具有普遍性的社会思潮。当时，德国在欧洲国家中处于比较落后的地位，德国资产阶级与封建阶级的斗争刚刚开始，德国的资产阶级由于害怕在反对封建主义的过程中，社会主义思想发展壮大，因此试图通过保存小生产者的地位来联合无产阶级。也是在这一契机的影响下，一些先进的社会主义学者和小生产者利益的代表将社会主义思想，同黑格尔、费尔巴哈的异化，人类的本质及真正的人等范畴结合起来，形成了这种思潮。马克思、恩格斯指出，在自然界中"人"除了看见鲜花绿草、流水潺潺，可能还会看见许多其他的东西，如植物和动物之间的残酷竞争，"高大的、骄傲的橡树林"夺去了小灌木林的生活资料，等等。所以，自然界绝不是"真正的社会主义者"想象中童话的乐园，那里面充满了残酷的斗争。自然界是个真正的适者生存、弱肉强食的世界，每天都在发生血淋淋的生存斗争。人类社会不能以自然界为榜样，否则只会把自然中的"丛林法则"引入人类社会。

马克思和恩格斯还指出，"真正的社会主义"把自然界各种物体及其相互关系变成神秘的"统一体"，其错误就在于，"把某些思想强加于自然界，他想在人类社会中看到这些思想的实现"。他们把想象中美好的图景强加于自然界，然后再把这种想象中的世界当作人类社会的教材，鼓吹人类社会向自然界学习，于是也就否认了人对自然界的劳动改造。因此，自然崇拜、自然神秘化、主张人类完全服从自然，它对人类最大的危害就是否定了人的主体性和创造性，完全忽视了人类劳动的价值，对人类文明的进步是一个巨大的阻碍。

2. 在改造自然的过程中要注重保护自然

（1）人类改造并创造环境

马克思和恩格斯认为人具有改变自然界的能力，人不仅能够改变环境还能够创造环境。人和动物不一样，动物只能被动地适应自然环境，被动地的改变；人类则不同，作为具有自主意识的生物，人类能够通过自己的思考和劳动改变自然界和自然环境，使自然环境变得适合人类的生存与发展。人和动物的本质有很大的差别，人是社会的人，人是社会劳动和社会实践造就的生物，如果失去劳动和实践，人类将和其他的动物一样沦为普通的生物。动物只能被动地适应自然，人类虽然在某些条件下也必须被动地适应环境，但是在主观能动性的影响下，人最终能够通过自己的努力对自然环境进行改造，使其更加适应自身的发展。

（2）人对自然的改造要有所为有所不为

人是自然性和社会性的统一，其自然性决定了人必须持续地对自然进行改造活动。改造自然的活动是人类生存和发展的物质基础，是人创造历史的基本条件。因此人的第一个历史活动就是生产满足这些需要的物质资料，这之后，人才能从事政治等社会活动，才能从事哲学研究、科学研究等精神活动，进而创造理论体系。所以，社会物质活动是社会精神活动的基础，离开社会物质活动，社会精神活动就停止了，人类历史也就停止了，人类也将像自然进化史上无数消失的生物物种一样走向毁灭。

人对自然改造的"有所为"主要体现在，通过改造自然来获取物质资料，这一方面的活动一天也不能停止。然而，随着人类改造自然的能力越来越强，人使用的手段和工具越来越强大，随着科学技术的日益进步，人的活动给自然界带来的负面影响日趋显现出来。环境问题已经直接影响到当代人的生存，更加威胁到后代人的生存和发展。这就要求人对自然的改造还要"有所不为"，即人必须减少自身行为的盲目性，增强计划性、目的性，这样才能更加合理地进行人与自然的物质变换，进而保护自然环境，这一方面的活动使人成为真正意义上的"人"。

（二）马克思主义生态思想的科学性分析

1. 将"以人为尺度"和"以自然为尺度"相结合

人类实践应该遵循社会与自然两种尺度统一，该观点最早是由马克思发现的。他指出，动物只是按照它所属的那个"种的尺度"和需要来构造，而人懂得按照任何一个"种的尺度"来进行生产，并且懂得处处都把内在的尺度运用于对象，因此人也按照"美的规律"来构造。人按照"种的尺度"进行生产，是指人按照世界上各种存在物的固有属性，本质和运动规律所设定的尺度，即"物的尺度"进行生产。这种"物"既包括狭义的自然界也包括人工的自然界和存在于人类社会中的各种社会关系。人把自己"内在的尺度运用于对象"，则是指人按照内在的需要、欲望、目的和人的本质力量的性质所设定的尺度，即"人的尺度"去进行生产和改造自然物。马克思在这里明确指出了"物的尺度"与"人的尺度"的内在统一性。这也要求我们既要克服客体的局限，不要在必然性中遗忘主体，又要防止主体的膨胀，任意支配自然，超越自然的必然性，使自然失去平衡。

近一个世纪以来，随着人类对自然界的影响力不断增大，人类的主体性得到了体现，物质生活得到了极大丰富，但是随之而来的各种问题也层出不穷，面对严峻的发展形势，人们开始思考问题产生的根源，有些人认为人类目前的困境是由于人的主体性过度发挥以及人类太过强调以自己为中心造成的，因此有人对人的主体性提出了质疑，他们主张将人看作自然界普通生物的一种，用衡量其他事物的标准来衡量人类，理想状态是回到以自然界为主导的发展中。

马克思主义生态文明思想最明显的特征就是重新回归了唯物主义两种尺度统一的判别标准，提出了一种以人类为发展核心，通过对生产关系的变革以及对生产力发展的合理规划实现人与自然的和谐统一，两者实现共同发展。人类对生态危机和检讨自身中的不同态度，说明人们不应该放弃"人类尺度"，因为文明的进步，必须依靠人类的不懈努力才能实现。在现代文明的发展中，也只有充分重视人的主体性，将自然环境与人类发展和谐处理，才能将人类和自然的利益统一起来，才能实现人类社会和自然界的长远发展。马克思主义生态学思想家们认为，现实只有在以人为中心的发展体系中才有意义，如果以自然界为主导，人类根本无力对抗自然，而马克思主义生态发展观主张利用人类的智慧来保护自然界，促进二者的和谐发展，解决人类发展危机。"以人为尺度"和"以自然为尺度"的自然价值观结合起来，超越主客二分的狭隘界限和僵化模式，进而摆脱单方面考察所固有的历史局限。

2. 重构唯物主义自然观和唯物主义历史观

马克思主义生态学中的另一个重要的共同特征是主张重构马克思主义的自然与历史的唯物主义方法。马克思主义生态学的思想家们一致认为，马克思主义生态学认识来自一种系统的，与科学革命紧密相关的，对唯物主义的自然概念和唯物主义历史概念的发展。福斯特（约翰·贝拉米·福斯特，美国著名的生态学马克思主义理论家）对马克思主义的唯物主义理论以及人类社会和自然之间的辩证关系提供了最新的认识，并详细阐述了如何重新建构马克思的唯物主义的问题。福斯特认为，人类与自然间的新陈代谢或称物质交换关系是贯穿整个马克思主义学说的根本观点，这是理解马克思主义学说的关键，或者说认识到马克思不仅是作为一个历史唯物主义者，马克思主义也是作为一个辩证唯物主义和实践唯物主义者观点的关键所在。马克思主义关于自然和新陈代谢的观点为解决今天我们称之为生态学的诸多问题提供了一个唯物主义和社会历史学的角度和方法。

奥康纳（詹姆斯·奥康纳，社会生态学家、美国激进政治经济学代表人物之一，美国当代生态学马克思主义的领军人物）则主张对马克思主义在人类与自然界的相互作用问题上的辩证的和唯物主义的思考方法作出重新阐释。奥康纳提出要建构一种有别于传统历史唯物主义的马克思主义生态学的历史观，这种历史观致力于探寻一种能将正确理解的"自然"以及在这一基础上的"文化"主题与传统马克思主义的劳动或物质生产的范畴融合在一起的方法论模式。奥康纳提出了自然与文化的生产力和生产关系等概念，重新阐释了马克思主义自然与历史的唯物主义概念，建立了马克思主义生态学的唯物主义方法与历史唯物主义体系。马克思主义生态学的建构虽然还存在着缺陷，但是他们的理论建构使历史唯物主义的理论结构和内容在当代生态学视域内得到了丰富和更新。

3. 秉承人与自然关系的新范式

"范式"概念是由库恩（托马斯·库恩，美国著名科学哲学家）提出的，主要指"科学共同体"共有的概念框架，它包含"科学共同体"的信念哲学观点、公认的科学成就、方法论准则、规定、习惯乃至教科书或经典著作、实验仪器等。

按照这种理解，我们把人类的自然观念称之为对人与自然关系的解读的不同范式，这种范式随着时代的发展在内容上发生过多次重大的变化，即自然观的转向。

一般认为，人类解读人与自然关系的这种范式大致经历过有机论自然观、机械论自然观和生态自然观等几种变化形式。马克思主义生态学的自然观属于生态自然观发展阶段，是当代人类解读人与自然关系的新范式。马克思主义生态学思想家们都认为这种新自然观是在批判传统自然观包括传统马克思主义的机械自然观的基础上建构起来的。在面对20世纪人类社会所面临的人与自然之间的尖锐矛盾——环境污染、生态危机等全球问题空前凸显的现实状况时，他们一致认为，传统自然观包括传统的马克思主义机械自然观仍然存在着局限。

马克思主义生态学思想家们认为，在对待自然的问题上，片面的人类中心主义和非人类中心主义的观点都不能正确解读人与自然的当代关系。他们主张，在当代，人类应该坚持一种新的自然观，这种新自然观就是综合了生态学与马克思主义的生态自然观，这是对传统自然观的根本的内在超越，马克思主义生态思想的最终目的是将人类的理性与自然的感受能力统一起来，找到一个合适的方式帮助它们达成某种平衡，从而促进二者的和谐发展。马克思主义生态思想的主张和理念为科学家和哲学家们探求人类的科学发展提供了思路。

马克思主义生态学思想家们立足于对人和自然界关系的探讨，并根据人类的发展状况和生态环境的客观实际，提出了一种新的发展思路，为人类社会的持续发展做出了指引。

4. 将社会革命与生态革命相结合

马克思主义生态学从生态危机引发的生态革命中寻找马克思主义新的发展，试图把生态学与马克思主义相结合，给人们找到一条马克思主义的社会革命与生态革命相契合的社会发展道路。

在西方社会，马克思主义生态学者都毫不避讳地称自己是马克思主义学说的认同者，他们都抱有共同的理念，就是通过马克思主义生态思想解决西方社会面临的发展与环境保护的问题，从而找到一条避免生态环境恶化，引发生态问题的新途径。他们对马克思主义的理解和应用都是以马克思主义基础理论为依据，他们认为对于生态问题的探讨是无论何种社会形态都会面临的一个问题，只要对人类的持续发展有利，马克思主义生态思想观念并不在于其性质和归属如何，而在于其直面本质的批判精神和实用的方法论。

从社会发展的角度来说，马克思主义生态思想在西方社会的发展是马克思主义的理论的一种完善和进步，我们应该科学看待这一问题，对于西方国家在马克思主义生态文明理论上取得的成果，我们应该给予充分的尊重，并吸收适合我国社会制度和国情的理论对我国的生态实践进行科学的指导。马克思主义生态哲学反映在自然观上就是马克思主义生态学将马克思主义辩证唯物主义结合在一起，提出了一种独特的生态发展理论。佩珀认为，马克思主义主张的人类的主体性发挥与自然环境之间的辩证观点，在不同学者和生态理念认同者的心中可能会有不同的解读，马克思主义一贯坚持的唯物的、历史的、发展的观念，更多的情况下适用于绿色发展战略之中。

自然是马克思主义生态学的核心概念。马克思主义生态学借助于对马克思的有关社会和自然的思想的分析，结合 20 世纪的社会与自然界关系的现实状况重新解释马克思的唯物主义、马克思的历史唯物主义或马克思主义自然观，建构马克思主义生态学的自然观或历史观，以此作为分析和批判 20 世纪的资本主义的世界观。马克思主义生态学思想家们将马克思主义理论、现代生态观念以及当前社会生态发展实践联系在一起，试图用马克思主义辩证唯物的观点来解释当前的生态困境，对资本主义环境观进行了否定，并提出了人与自然和谐发展的新思路。当然也有一些学者主张，想要从根本上解决西方社会生态环境恶化的问题，只有改变以资本主义制度建设生态社会主义才能从根本上解决问题。从这里我们也可以看出，马克思主义生态学没有脱离马克思主义的本质，此外它也是当代西方生态文明理念的一个重要组成部分。

二、生态文明建设的必要性

（一）生态文明建设是人与自然和谐发展的必然要求

生态文明是人类社会发展到一定阶段的产物，是对工业文明带来严重环境问题进行深刻反思基础上形成的一种先进文明，是人与自然和谐发展的社会形态。生态文明建设要以尊重自然规律为前提，以生态环境和自然资源承载力为载体，坚持以人为本，注重改善和保障民生，重点解决有害身心健康的迫切环境问题，满足人们日益增长的对优质环境产品、良好生态质量的需求。

（二）生态文明建设是实现低碳经济转型的重要保证

为了减少温室气体排放，避免全球气候的不可预测和灾难性变化，人类正在通过生产生活方式和能源消费格局的绿色革命，建立全球性的低碳经济模式。生态文明与低碳经济具有相同的核心价值理念、相容的发展目标、一致的关注对象，超越了不同种族、不同文明之间的价值差异，不仅体现了生态文明自然价值观的实质，而且包含着环境伦理观和道德观，以科学发展观为指导，通过设计创新、方法创新、制度创新、技术创新、产业创新，实现人与自然和谐共处的可持续发展模式。生态文明建设为低碳经济转型提供了指导思想和理论基础，是低碳产业技术革新的强大动力。

（三）生态文明建设是建设美丽中国的根本途径

我国经济和社会发展面临的环境问题和资源制约越来越凸显，2/3 以上的城市缺水，石油、天然气、铁矿石等重要资源的对外依存度逐年上升，耕地已经逼近 1.2 亿公顷红线。同时，环境总体状况的恶化趋势尚未得到根本改变，生态系统的退化引起自然灾害频发，造成巨大的经济损失。面对环境污染严重、资源消耗严峻、生态日趋退化的形势，必须树立尊重自然、保护自然、珍惜自然的理念，将生态文明建设贯穿政治建设、社会建设、制度建设、文化建设、经济建设的不同层面和整个过程，共同建设美丽中国。

三、生态文明建设的基本特征

（一）整体性

生态文明建设具有突出的整体性，不仅表现在生态因子、环境要素与生物组分之间相互交联，构成一个复杂的有机整体，而且表现在生态文明建设过程中各个相关环节相互制约、联系紧密。因此，生态文明建设要求从整体出发，单独从某一技术环节入手、通过简单的因果映射无法获得有效的系统结果。

（二）耦合性

生态文明建设的耦合性反映在参与部门众多、涉及领域多样、影响因素复杂。随着人类对生态环境价值认识的提高和实践应用经验的积累，生态文明建设的耦合性越来越明显。21 世纪的生态文明建设将是社会、经济、自然、环境、技术与工程相结合的集合体和耦合作用产物。

（三）地域性

生态文明建设凸显地域性特征，必须依托地方优势，实行因地制宜。地方优势体现在经济发展的水平和速度不同、环境保护的力度不同、污染控制体系中指标体系的组成和权重不同、重要污染物的种类和分布不同、污染减排系统的构造和技术不同、各种自然因素的时空变化规律不同、污染物扩散特征不同、污染物动态模型中的修正系数不同等。生态文明建设必须融入地方优势方能有效。

（四）时效性

生态文明建设具有极强的动态时效性。无论是自然环境问题、生态质量问题、社会发展问题还是经济问题，其影响因素都是处于不断变化之中，随时间和空间发生无法预测的变化。基于某种现状或模型预测值进行的生态文明规划和建设，将随着社会发展方向、经济发展速度、生态环境状况而变化，势必要求具有实时响应、反馈、修复和更新的能力。

（五）密集性

在生态文明建设过程中，需要持续收集各类相关信息并加以消化、吸收、综合和处理。能否完整地获得信息、能否有效组织、整理、利用信息，是生态文明建设成功与否的关键。地理信息系统（GS）在辅助生态文明建设方面将起到重要作用。

（六）政策性

生态文明建设从立项、总体设计、论证分析、决策到实施的每一个环节中，经常会遇到各种问题和困难。解决这些问题必须依据我国现行的有关法律、法规、制度、条例、办法和标准。生态文明建设的过程实际上也是相关政策的解析和实际运用过程。

四、生态文明建设的原则

（一）可持续发展原则

实现可持续发展是进行生态文明建设的主要目标。当土地利用方式与生态特征存在明显矛盾时，必须改变土地利用方式，与生态文明建设相结合。这在生态脆弱的吉林省西部尤为重要。

（二）自然原型原则

自然原型是指在一定的环境条件下，生物与环境之间经过长期的适应与反馈、形成的物质循环和能量流动的生态综合体，包括自我设计和自组织功能 7]。这是自然环境为生物及人类提供生存条件、生物适应并不断改变自然环境的根本保证。

（三）人与自然协同共生原则

人与自然协同共生强调的是对双方有利，而非损害其中一方。人类过去的行为常常是从大自然肆意攫取有用资源，以征服自然、改造自然为能事，把废弃物强加给自然界。进行生态文明建设，必须尊重自然共生规律，以最少的投入在尽量短的时间内使生态环境向良性方向转化。

（四）多重利用原则

目前人类对生态系统的利用尚处于过度状态。今后在确定合理的生态文明建设方向、生态文明建设目标及模式时，应注意对生态系统进行多重利用，强调农林牧各业有机结合，多方向发展。

生态文明建设是关乎民族未来的长远大计，是一项复杂而深远的系统工程。要转变思想，通过多种途径加强宣传教育，摒弃传统的"人定胜天""征服自然"等口号，在社会中全面树立和发扬生态文明理念。要充分发挥生态专家、科技工作者、新闻媒体的作用，通过学校教育、家庭教育、社会教育，加强公众参与环境保护、生态恢复的积极性和能动性，进一步提高全社会的环保参与热情和程度。要真正转变不可持续的经济发展方式，大力发展绿色经济、环保节能产业、循环经济，形成环境友好、资源节约的新型产业结构，将生产方式变革与扩大内需、改变传统消费模式、优化生产力空间布局等有机结合起来。此外，必须尽快建立完整、系统、科学的生态文明制度体系，健全自然资源产权所有制度和使用管理制度，严格划定不同类型生态系统的保护红线，深化资源性产品价格体系和税费改革，建立能够反映资源稀缺程度和市场供求状况、体现代际补偿和环境价值的生态补偿制度和资源有偿使用制度。

第二章　生态文明教育理论内核

第一节　环境教育的内涵

一、生态环境与教育

（一）生态环境内涵及其发展

"生态环境"这个词现今屡见不鲜，其实"生态"与"环境"在本真意义上是两个不同的概念。

简单地说，生态的内涵是指生物有机体与周围外部世界的关系，其主体是生物有机体。但随着人类生存环境的恶化，生态内涵在不断扩大，从特指生物有机体与周围外部世界的关系扩展到人类与周围环境的关系，进一步扩大到人类与自然环境以及人文环境关系、继而扩大到人类环境中各种关系的和谐，其主体可以是生物有机体，也可以是人类。现代意义上的生态学已经渗透到各个领域，"生态"一词涉及的范畴也越来越广，人们常常用"生态"来定义许多美好的事物，如健康的、美的、和谐的事物均可冠以"生态"修饰。现代意义上的生态已由"关系论"升华为"和谐论"，即主张"环境问题的解决，一方面要求人类与其生物与非生物环境之间的和谐；另一方面还意味着人类生存环境系统中各个子系统之间的和谐，即人文层面中政治环境、经济环境、社会环境、文化环境等与自然环境之间的和谐以及它们彼此之间关系的和谐"。在现代意义上，提起"生态"，就意味着政治环境、经济环境、社会环境、文化环境与自然环境的和谐，意味着地球上各部分生态环境之间的协调，意味着历史环境与自然环境的和谐。

环境概念的产生是随着人类社会的发展而产生的。远古时代，人类可以说基本没有意识，与其他的生命一样依靠本能而生存。约 200 万年前，人类大脑有了原始思维，并逐步向神话思维过渡，逻辑思维的发展，使人对神的背叛成为可能。早期的古希腊哲学家已经把相对于自身的"环绕的物体或区域"分离开来进行审视与思考。到了苏格拉底时期，他通过"认识你自己"这个思维转向开始专门探讨个体人的问题，自此人成为西方人类思维的单一中心。在这种以人为主体，物为客体的对立中，人类理所当然地利用手中的利器——科学技术，主宰着自然。但人类思维片面的非辩证的思维缺陷性对自我的二重性——人与物，不能很好把握，从而使自我呈现出不确定性，这导致了人与物绝对的对立，也就是人与"环绕自身的物体或区域"即环境的对立。一方面，人与物绝对不同，人不但有心灵意识，而且有尊贵的出身；另一方面，人之外的物质世界又都是属于人的。这种生存观念不但威胁到人类与自然的供给关系，而且打破了人类与自然之间的平衡，严重的环境问题随之产生。环境保护理论正是在此背景下迅猛发展，以"人类—环境"系统为研究对象的环境科学也应运而生，虽然在物理学、地理学、生物学中都有环境这个概念，但在出现严重环境问题的大背景下，突显了环境概念内涵上的较大变化。

上述对"环境"的解释其实已经综合了当前在环境这一领域研究者的最新进展，已经超越了传统意义上所指的与人类生存、繁衍相关的"附近"或"周围"事物即"自然环境"。首先，环境是一个紧密结合的、整体的术语和概念；其次，现代意义上的环境还包含了人类的行动、志向和需要等存在的圈层，包含了我们生存之所的所有周围事物，即包含自然环境、工程环境和社会环境；再次，环境之间、环境与相对应的主体之间存在着广泛的相互影响，是一个开放的动态平衡系统。环境具有环境主体的多样性、主体关系的网络性和系统性、能量与信息的动态平衡性等基本特征。实际上，赋予"环境"概念新内涵的正是环境科学理论的发展，环境教育语境中的"环境"概念的内涵承继了环境科学理论的新成果，因而也具有这些方面的特征。

如上所述，"环境"突出的是"周围"，"生态"突出的是"关系"。在国内运用"生态环境"这一词语的语境中，准确表达应该是"自然环境"，是广义环境的一部分，还不包含人类活动中造成的某些污染问题。从严格的意义上说，"生态环境"应当用"环境与生态"或总称为"环境"。

生态学、环境科学的发展，都和环境保护运动有着密切的关系。环境保护主要从污染或生物多样性减少这样的客观状况的角度来考虑问题，而生态学、环境学则是一种不可缺少的分析工具。生态学所描绘的是一个相互依存的以及有着错综复杂联系的世界。它提出了一种新的道德观，人类是其周围世界的一部分，既不优越于其他物种，也不能不受大自然的制约。环境科学的基本任务就是揭示"人类——环境"这一矛盾的实质，研究人类与环境之间的关系，掌握其发展规律，调节人与环境之间的物质和能量交换过程，寻求解决矛盾的途径和方法，以改善环境、促进人类社会不断向前发展。

（二）何谓教育

环境教育，归根结底是环境的教育，落脚点在教育上。那么，什么是教育呢？教育之定义，有广、狭二种，从广义而言，凡是以影响人类身心之种种活动，俱可称为教育；就狭义而言，则唯用一定方法以实现一定之改善目的者，始可称为教育。教育是人类以传承文化精神和知识技能为手段，培养、建构人的主体素质，发展人的主体性，完善其本质的一种社会实践。建构人的主体素质，丰富人的主体性，完善人的本质的实践特征是教育的本质特征，它是教育存在的根据。在环境教育语境中的教育是广义的教育概念，即面向所有个人的终身学习。

在人类历史长河中，存在着各种不同的教育理论。环境教育的产生源自于对严重环境问题的反思。但其作为一种教育理念，从理论来看，起源于卢梭的自然教育思想理念，后通过欧美以蒙台梭利、怀特海、罗素、尼尔为代表的新教育和以杜威、克伯屈为代表的进步教育理念，推动了环境与教育两个领域的结合①。19世纪末至20世纪初，在英、法、德等国出现了新教育运动，向传统的古典教育思想挑战，提出了一系列"新教育原则"，第一，向纯智力活动提出疑义，认为学校不应只考虑对学生灌输知识，其重要责任在于鼓励学生如何应用科学方法学会解决问题；第二，质疑与现实社会脱离的传统课程，认为学校应开设如近代语、农艺手工劳动等课程，更多地反映现实社会生活，使学生有更多的机会去锻炼能力和参加具有生活特点的活动；第三，反对学校生活的固定不变和呆板的组织、管理形式，认为学校应实行教学改革，适应社会的变化；第四，反对学校在精神上对学生的压抑，强调应创办各种类型的"新学校"，为学生的自由和完善发展创造条件。相同时期，美国教育界掀起了进步教育运动。杜威把他的实用主义哲学与进步教育思潮联系起来，把教育当作改造社会的工具，主张教育应以受教育者的活动为中心，提出"教育即生长，教育即生活，学校即社会"等理论，以训练思维为教育目的，以在做中学为教育方法和途径，培养社会需要的有创新能力、懂技术的人才。

上述各位思想家、教育家在理论及实践中重视现实生活，鼓励直接的户外体验教育，强调在实践中发现问题、解决问题等一系列主张为环境领域与教育领域连接在一起作了很好的铺垫。在后来的日常教育实践中对诸如野外、乡村、城区等自然界及其生命的自然研究运动，正是在上述教育理念中汲取营养发展壮大，进而扩展到环境教育研究中。

---

① 韩锡玲. 罗素、杜威和蒙台梭利和平教育思想之比较 [J]. 贵州师范大学学报：社会科学版，2017（2）：7. DOI：10. 3969/j. issn. 1001-733X. 2017. 02. 008.

二、环境教育的基本内涵

（一）环境教育概念

在争论不休的各种环境保护理论与实践中，人们逐渐认识到环境恶化不单是自然科学飞速发展的原因，归根到底是人的因素在起关键作用，保护环境涉及政治学、经济学、人类学、伦理学等多学科领域及文化生活等诸多方面。在这样的大背景下，"环境"与"教育"这两大领域走到了一起，并发展成为一门新的学科领域。然而，这个新的领域究竟是什么？研究什么？如何研究？我们先从环境教育这个概念开始分析。

所谓环境教育，是一个认识价值、弄清概念的过程，其目的是发展一定的技能和态度。对理解和鉴别人类、文化和生物物理环境之间的相互作用来说，这些技能和态度是必不可少的手段。环境教育还促使人们对环境教育质量问题作出决策、对本身的行动准则作出自我的约定。

从广泛的含义上来说，环境教育是一个有关授权和发展主人翁意识的过程，它发展人们在所在社区提出环境与发展问题的能力。也就是说，环境教育通过充分的信息以触动人们主动向可持续生存的信仰和态度转化，并最终使信仰和态度转为行动。

目前，国内一些学者对环境教育也进行了界定，如祝怀新把环境教育定义为：环境教育是一种旨在提高人处理其与环境相互依存关系的能力的教育活动。在个人和社会的现实需求的基础上，借助所有教育手段和形式在整个课程体系的实践中，使受教育者掌握相关的知识、技能，形成关注环境质量的责任感和把握环境与发展关系的新型价值观，并以此支配他们的行为模式，从而在根本上促进人类可持续发展战略。

综合国内外学者对环境教育的定义，现阶段环境教育的定义可概括为：以可持续发展思想为指导，使受教育者获得有关环境的知识和积极参与解决问题的态度与技能，学会正确判断和处理人类内部的资源分配关系、正确处理人与自然的共生关系，真正实现经济、社会和环境的可持续发展。

（二）环境教育的本质特征

环境教育不同于以往的传统教育，其不仅要使受教育者获得知识增长见识，而且还需使之深入受教育者的意识中，改变受教育者的价值观念和态度，使受教育者具备解决实际环境问题的能力。环境教育主要有以下几个本质特征：

第一，环境教育是一种跨学科性的整合教育。我们生存及生活的外部世界是一个复杂的综合体，广泛涉及自然界和人类社会的方方面面，按照所涉及的学科来看，包含生态学、生物学、物理学、化学、地理学、经济学、社会学、历史学、伦理学、文化研究等多学科的内容。环境教育必须对各学科进行整合，对不同学科内容进行引导，对集中引起环境问题的所有相互影响的因素进行分析，才能真正了解环境状况，找到解决环境问题的办法。这是一个综合的过程，并不仅仅是各学科内容的简单相加。只有从整体角度理解各领域研究对环境的相互作用，我们才能真正把握环境问题产生的实质，找到解决环境问题的关键。

第二，环境教育是一种综合素质教育。环境教育的最终目的，是要形成受教育者的综合环境素质。这要求环境教育不仅要关注认知结构，更要关注情感体验，重视受教育者的心理体验过程，从动机、信念、意志、价值观、态度、道德感、责任感等方面进行引导，培养受教育者的感知、意识、认识、批判性思维能力、思考和解决问题的技能，最终使受教育者形成有益于环境的个人行为模式，成为具有知识技能、态度和价值观等方面综合环境素质的合格公民。

第三，环境教育是一种持续性的终生教育。第比利斯环境教育大会指出，环境教育是一个终生学习的过程，它始于学前教育阶段，贯穿正规教育和非正规教育的各个阶段。环境教育没有绝对的起点和终点，在各年龄阶段，都要针对受教育者认知、情感特点，重视培养对环境的敏感并获得有关知识、解决问题的技能以及态度，比如在青少年阶段要特别重视培养学习者对所在社会环境的敏感性。环境问题的复杂性决定了环境教育的长期性、合作协同性，环境教育有赖于全球公众的协同配合、终生努力。

第四，环境教育是重视实践的教育。环境教育不仅是让受教育者掌握知识，更重要的是内化成自身素质，具备解决实际环境问题的能力。这就必须在教学中重视综合性、探究性活动，以培养解决实际问题的能力。受教育者通过在实践中的亲身感受、动手探究，才能认识、体验并进一步理解环境问题，形成正确的环境意识与态度，具备一定的实际技能。

第二节　可持续发展教育内涵

一、环境教育向可持续发展教育的转向

从 1972 年的联合国人类环境大会到 1992 年的里约热内卢环境与发展大会，整整 20 年，环境保护的理论与实践取得了一些进展，但环境问题依然存在并在继续恶化。在人们

的困惑与反思后，可持续发展战略正式被提出，从而为人类社会的发展与环境保护重新确定了方向。传统的环境教育较为片面地强调保护环境，强调人与环境和谐相处，不太关注甚至否定人类社会的发展。事实上，环境保护离不开可持续发展，因为可持续发展的实现必须依赖人类生存和发展的自然环境，人类必须维护和改善自然环境；环境问题本身产生于经济发展过程之中，要解决这一问题亦不可回避地要回到经济发展这一原点，通过可持续发展来解决。相应的，环境教育向可持续发展教育转变亦是必然的趋势。

正如《21世纪议程》所建议的那样——实现可持续发展必须坚定地立足于环境教育。应该说环境教育一直稳步地朝着类似可持续性概念所确定的目标和结果在奋进，但为什么第比利斯会议有远见的设想没有得到充分的实施？环境教育到了反思自己的时候了——环境教育的各种努力几乎都更多地集中在环境问题上，而对人类或经济发展注意较少是一个主要原因。

如果说1992年里约会议以前，环境教育的主要内容还仅限于自然环境的保护，那么在这之后，环境教育从内涵与外延上都开始向可持续发展教育转向。环境就其概念本身来说，不仅仅如环境教育研究之初狭义的只指向自然环境，而是把人类文明改造所形成的工程环境，包含政治、经济、文化的社会环境都囊括在内。必然地，环境教育的目的、目标、方法都应相应改变以适应其内涵的变化。就其研究内容而言，所有的环境——自然、政治、经济、文化、科技等应作为系统与子系统，看重它们之间的联系，整体思考社会、人口、自然以及发展，把自然研究、社会研究结合起来，以期能协调地可持续发展。

伴随着环境教育向可持续发展教育的转向，"为了环境的教育"在整个环境教育体系中显得日益重要，解释主义方法，特别是批判理论的研究方法在持续加强。这已不仅仅是以自然研究的方法来研究环境问题，更把其当作社会问题来进行定性研究。它指导人们反思：什么样的政治机构和经济所有权能够更好地给予人们对自己生活的真正控制权？如何才能真正实现可持续发展？

在环境教育中必须注意融合进以下内容：

一是注重培养"历史意识和社会形式的改变对自然世界的影响的知识"，厘清社会关系如何塑造着环境关系，探索主流的发展模式与目前的发展为什么是不可持续的。学生们要被引导思考问题，如人类环境是怎样以社会的形式建设起阶级冲突与社会运动的意识来的。利用自然的投入产出在大多数社会中并非是平等分配的，所以要减轻经济剥削、改善人们环境福利，进行实现可持续发展的工人斗争和环境运动；要关注政治策略，加强政治素养及可持续发展的必要以及这种发展在现有世界中引起的矛盾，即便是土著知识和技术过去在促进可持续性方面也存在着价值。

二是培养对意识形态和消费主义的理解与认识。帮助学生解读为主流文化所传承的关于自然和环境的形象、信仰和价值，培养其对于主要的环境意识形态与社会理想的基本认识，从而有能力辨别和处理新闻媒体中的倾向，理解消费主义的政治内涵与绿色消费主义的局限。

三是鼓励学生参与现实问题，保持试验性与乐观主义的态度。学校应通过各种实践途径，让学生充分融入社区生活，积极参与促进可持续发展的计划。让学生们了解，由于我们缺乏对于环境系统的全部知识，常常只能在相当不确定的情形下做决定，因而要保持尝试的态度。但也要保持乐观的精神，忠于公正、理性和民主，可持续发展的成功例子应纳入课程，以培养学生对希望资源的意识。

环境教育走到这一步，毋宁说直接称为可持续发展教育更为合适。此时的环境教育不仅要改变人们对环境的行为，更要从根本上改变人们的发展观、价值观和道德观，要重新审视人与环境、人与人的关系，关注政治、经济、社会的一系列发展战略，其同时涵盖了最初意义的环境教育、人口与发展教育、全球教育。可以说，环境教育已完成了向可持续发展教育的转向。

显而易见，可持续发展教育是根据人类社会可持续发展的需要，为了更好地实现环境教育的长远目标，在可持续发展思想下，对原有的环境教育所作出的调整。可持续发展教育与环境教育的关系是互动的。首先，它们之间存在承继关系。可持续发展教育承继了环境教育的很多内容、形式与方法，环境教育是可持续发展教育的前提和基础。其次，它们之间是发展与被发展的关系。可持续发展教育作为一定时期内实施环境教育的一种手段，在原有环境教育的基础上融入了政治、经济、文化、人口、发展、全球化等新的内容，是对原有环境教育的发展，是在可持续发展时代所拥有的新内涵。

中国的环境教育在向可持续发展教育的转向中，目标、内容、方法，都相应的作了调整。其目标由以前的"把环境科学知识渗透到各学科和课堂教学中去，把环保作为一种道德教育"调整为"让学生树立正确的资源观、环境观和人口观，以及可持续发展意识，了解人与自然之间的相互关系"；其内容由以前的"人口、资源、环境污染和环保方面的知识"调整为"把环境保护和发展结合起来"；其方法由以前的"传统的授课方式"调整为"多样化"，如实地调查、观察、访谈等。

二、可持续发展教育的基本内涵

（一）可持续发展教育的概念

1. 可持续发展教育定义

由于存在地域与文化的差异，可持续发展教育在各国、各地区的表述有所不同，人们从不同的角度解读可持续发展教育的内涵。

关于中国可持续发展教育的定义，目前还没有一个统一的认识和看法，但我们认为"为了可持续发展的教育"比较全面地揭示了可持续发展教育的本质和特点，其定义为："可持续发展教育是以跨学科活动为特征，以培养学习者的可持续发展意识，增强个人对人类环境与发展相互关系的理解和认识，培养他们分析环境、经济、社会与发展问题以及解决这些问题的能力，树立起可持续发展的态度与价值观。"

2. 可持续发展教育目标

从 20 世纪 90 年代开始，环境教育向可持续性发展教育转向，环境教育的目标也有了变化，即向可持续发展目标转向。无疑地，可持续发展教育的目标、特征、核心主题等都在相应的变化发展。可持续发展教育的总体目标具体化为这样几个方面：一是教育和学习在可持续发展的共同事业中的中心作用；二是在可持续发展教育的相关单位中，推进联系、建立网络、促进交流和互动；三是通过各种形式的学习和提高公众认识，为可持续发展构想的深化和推进，以及向可持续发展转化提供空间和机会；四是不断提高可持续发展教育的教学质量；五是制定每一个层次加强可持续发展教育的战略。

实际上，可持续发展本身就是一个动态过程而不是固定的概念，它决定了可持续发展教育的动态性。因此可持续发展教育的内涵还会发生变化，这是可持续发展本身固有的特性。

3. 可持续发展教育特征

①跨学科性和整体性：可持续发展学习根植于整个课程体系中，而不是一个单独的学科；

②价值驱动：强调可持续发展的观念和原则；

③批判性思考和解决问题：帮助树立解决可持续发展中遇到的困境和挑战的信心；

④多种方式：文字、艺术、戏剧、辩论、体验……采用不同的教学方法；

⑤参与决策：学习者可以参与决定他们将如何学习；

⑥应用性：学习与每个人和专业活动相结合；

⑦地方性：学习不仅针对全球性问题，也针对地方性问题，并使用学习者最常用的语言。

（二）可持续发展教育的主题

中国可持续发展教育发展是在国际社会的带动下逐渐发展起来的。总结促进我国可持续发展教育的因素主要包括以下几个方面：一是国际社会关注环境与发展问题以及国际社会可持续发展教育的兴起与发展，二是国内环境与发展问题亟待解决，三是国内政治、教育、经济、文化的发展的需要。

我国根据国内可持续发展中面临的现实问题，同时也是国际社会关注的热点问题，构建了可持续发展教育的七个核心主题：

①发展主题。当前，中国可持续发展教育最主要的任务是培养学生正确的发展意识，要让学生不仅认识到本地区的发展需要，还要认识到其他地区的发展需要。

②人口主题。引导学生树立正确的人口观，从而正确认识人口与环境、资源、能源、社会、政治、经济、文化以及与就业、健康等各方面的关系。

③公平主题。公平本身就是可持续发展追求的原则。尊重人的需要、创造公平的机会促进每个人的发展是教育应有的责任。而让学生认识到中国与世界之间、不同地区之间差距的原因，了解中国政府为缩小这些差距所作的努力是这个主题的主要任务。

④多样性主题。通过认识人类文化的多样性，正确对待中国的传统文化和少数民族文化，因为它们是解决当前环境与发展问题的文化基础。

⑤相互依赖。引导学生认识世界万物之间的相互联系和相互依赖，因为这是形成人与人之间、人与自然之间、人与社会之间和谐发展的重要前提。

⑥环境主题。与传统的环境教育不同，可持续发展教育不仅让学生掌握到与环境相关的知识，更重要的是让学生了解环境与社会、政治、经济之间的相互作用，了解和认识人的行为对环境的影响。

⑦资源和能源主题。了解本地资源和能源优劣势，及其与本地经济、文化、交通的联系，了解资源和能源与科学技术、社会经济的关系，能批判性思考资源和能源短缺问题。

第三节　生态文明教育内涵

一、生态文明与生态文明教育

（一）生态文明

文明是人类文化发展的成果，是人类改造世界的物质和精神成果的总和，是人类社会进步的标志。生态文明是相对于原始文明、农业文明、工业文明而言的一种新型的文明形态，是当代人为消除生态危机、改变环境、可持续发展寻找和选择的一条文明之路。

关于生态文明的定义，中国的理论界早就展开了研究和讨论，目前，人们已达成了共识，即生态文明是指人类遵循人、自然、社会和谐发展这一客观规律而取得的物质和精神成果的总和；是指以人与自然、人与人、人与社会和谐共生、良性循环、全面发展、持续繁荣为基本宗旨的文化伦理形态。这个定义所包括的内涵比较丰富，揭示了生态文明的本质是人与自然的和谐，目标是实现可持续的发展。具体来讲，其含义应从以下几个角度来理解：一是物质生产层面，生态文明倡导人们在生产活动中尊重生态系统的规律，与生态系统协调来发展生产力，而并不是以保护生态为借口停止发展，因此发展循环经济是实现生态文明的突破口；二是机制制度层面，生态文明要求自然生态系统与社会生态系统协调发展，通过机制与制度的调整和重构，构建生态政治、发展绿色经济、发展绿色科技；三是思想观念层面，生态文明提倡生态文明价值观、伦理观、道德规范和行为准则，其目的是通过实现人的观念的转变为生态文明建设打下基础。

生态文明具有独立性、整体性、过程性等特征。独立性是指生态文明独立于物质文明、精神文明、政治文明，并共同组成现代社会的文明；整体性是指生态文明以生态整体观为出发点，把人置于整个自然系统中，强调人、自然与社会的整体平衡；过程性是指生态文明代表着人类文明的程度，其进步和发展需要一个持久的建设过程。

（二）生态文明教育

生态文明教育是全民的教育、终身的教育，不仅全民生态文明意识的形成需要过程，而且健康的生产、生活及消费方式行为的形成同样需要过程。同时，生态文明教育又是一个系统工程，需要各方面的支持和配合，这就要求一方面政府需站在战略的高度，系统地、周密地部署生态文明教育，运用已有的环境教育体系全面地开展生态文明教育，另一方面教育的主体应探索更多、更有效的教育手段，开辟更多、更广阔的教育途径，积极推动生态文明教育向前发展，使之成为中国生态文明建设一支强有力的力量。

二、生态文明教育目标体系

构建生态文明教育目标体系应以环境教育和可持续发展教育为基础，结合中国社会发展的需要和要求，兼顾系统体性和全面性，今后应结合生态文明指标体系向可操作性发展。具体来讲，应包括两个层面。

(一) 以生态文明教育的内容为目标

1. 意识

生态文明教育所要培养的意识是指树立人与自然同存共荣的自然观念。每个公民应具有珍惜自然资源，合理利用自然，努力实现人与自然和谐相处的意识；其次，还应树立维护生态平衡的责任意识，有了这个意识，人们才能自觉地约束自己的行为；再次，还要树立经济、社会、自然协调可持续发展的观念，用社会、经济、文化、环境、社会等各个方面的指标来衡量社会的发展；最后，树立健康、绿色的生活方式和消费方式的观念。

2. 知识

知识是正确理解人与自然关系，正确处理人和社会与自然、环境与发展的重要基础。生态文明教育的知识目标与可持续发展教育有相同之处，如生态学、环境学知识，人类活动与环境的相互关系，环境决策中社会、政治、经济因素的作用，环境、社会与经济相互的辩证关系等。此外，保护生态环境的法律常识、生态系统平衡的基本常识和规律、保护生态环境的实用型常识等也应是生态文明教育的知识目标。

3. 态度与价值观

培养人们对生态环境发自内心的正确态度及价值观是生态文明重要的目标之一，是人文精神的重要表现形态。生态文明的一个重要标志就是生活在自然界中的人们对自然要有人文关怀，这是实现生态文明的基础。这个目标具体包括培养公民热爱、欣赏、尊重、保护、善待自然及其他生物的平等和公平的态度，和谐、宽容与开放的心灵，陶冶生态道德情感；人们能对自然界生命价值以及人类在自然界中的价值和位置进行科学评价。

4. 行为

各级政府能自觉落实国家科学发展观的战略政策，在处理生态与发展问题时，能自觉承担起促进和谐发展的职责；在工作中，培养绿色行政的自觉行为。各行业的企业能运用绿色科技、自觉实现绿色 GDP，自觉做出有利于环境保护、促进环境友好型社会的行为，争当绿色企业。广大公众能自觉改变生活、消费方式，适度消费，减少浪费，掌握绿色生活的技能等。总之，通过教育，培养全体公民的绿色行为习惯。

（二）期望达到的成果

①国家和地方政府把创造生态文明社会作为政府工作的目标，把生态文明教育作为生态文明建设的组成部分。

②生态文明教育在各个领域中都得到广泛开展，建设生态文明社会的战略重要性得到广泛共识。

③企业把追求生态文明作为企业发展的战略目标，并积极开展绿色生产，创造绿色产品。

④在生态文明教育活动中，各层次教育主体间合作良好，政府与民间团体和非政府组织共同开发教育项目。

⑤各类媒体在倡导、宣传生态文明中发挥重要的作用。

⑥公众参与生态文明建设热情提高，生态文明意识也得到提高。

⑦生态文明教育纳入"全民教育"体系，普及生态文明教育培训及其方法，以提高教育的质量。

（三）生态文明教育的特征分析

生态文明教育是依托环境教育和可持续发展教育，顺应时代的潮流而兴起的。其特征有与环境教育和可持续发展教育相同和相似的地方，但也有自身的特征，归纳起来，主要表现在以下几个方面：

1. 整体性

整体性是生态文明教育特有的特征。首先，生态系统本身是一个整体，人是这个系统的一部分，生态文明倡导的人们在生产活动中尊重生态系统的规律理念本身体现了整体性，整体性理念为生态文明教育打下理论基础。其次，生态文明教育的实施需要整体性的考虑。生态文明教育是一个系统工程，其目标的实现需要整体考虑，如生态文明教育理论的基础、内容、目标、原则、机制、方式方法等问题需要统筹，实施教育的各个部门之间需要相互合作，做到整体一盘棋，从而保证教育的效果。再次，生态文明教育需要社会全体成员的共同参与和努力，特别是各级领导应带头倡导生态文明理念，从制度上推进生态文明教育，以身作则争做生态文明的榜样。只有社会成员都行动起来，生态文明教育才能取得好的效果。

2. 全面性

生态文明教育的全面性包括两个方面：一方面是指生态文明教育是在各个领域展开的教育活动，通过教育，把生态文明理念和思想贯彻到政治、经济、社会、文化各个层面当中。另一个方面，与环境教育、可持续发展教育相比，生态文明教育的内容更全面、更广泛，主要包括以下几点：一是生态环境现状及知识教育，这是实现生态文明教育意识目标的前提；二是生态文明观的教育，这是生态文明教育内容的核心部分，包括生态安全观、生态生产力观、生态文明哲学观、生态文明价值观、生态道德观、绿色科技观、生态消费观等；三是生态环境法制教育，这是建设生态文明社会的保障；四是提高生态文明程度的技能教育。如：节能减排等绿色技术、日常生活中节约的常识、向自然学习的方法和技巧等。

3. 实践性

实践是生态文明教育的内在要求，教育本身就是一项社会实践活动，生态文明教育也不例外。生态文明的一切物质和精神成果只有在实践的基础上才能取得，也只有实践，生态文明的成果才能发挥其作用；实践又是生态文明教育重要的实施途径，通过实践，使受教育者在与自然、社会接触的过程中掌握生态环境的基本知识、转变对人与自然关系的认识、调整对待生态环境的态度和价值观、增长维护生态环境平衡的技能。

4. 全民性

与环境教育相似，生态文明教育也是全民教育，但教育对象的侧重点有所不同。除以社会各阶层为对象的社会教育，以大、中、小学生和幼儿为对象的基础教育，以培养、培训环境保护专门人才为目的专业教育和成人教育四个方面外，各级政府部门的领导和工作人员、企业管理者和员工是生态文明教育对象的重点。这是因为，各级政府是国家可持续发展战略的执行者，手中掌握着各种权力，政府的作为关系到国家战略实施的效果，政府部门人员的生态文明素质将直接影响中央可持续发展战略的具体落实以及各种政策的制定；而企业从业人员，特别是企业管理者，拥有较大的生产、经营自主权，因此，通过生态文明教育，提升各级政府部门领导和工作人员生态文明意识，形成生态文明观，使他们在各部门具体的工作中、在各种生产实践中能自觉把握经济与生态环境的和谐发展，为其他生态文明教育对象树立榜样。如此，对中国的生态文明教育尤为重要，否则，生态文明教育的效果会大打折扣。

三、建立生态文明教育评价体系

生态文明教育评价体系与以往的环境教育评价是有区别的，这是因为，生态文明教育有更多的主体参与、协调的关系更广泛、人们参与实践的机会更多、内容更丰富，实现的目标更高，因此，对生态文明教育的评价，应更注重对过程的评价。根据生态文明教育目标体系，生态文明教育的评价体系可分为生态文明教育过程和教育效果两大部分。

（一）生态文明教育工作评价体系

生态文明教育工作评价体系主要考察生态文明教育主体开展生态文明教育活动的情况，包括：

1. 政府工作系统

一个地区的政府对生态文明教育的重视程度和工作力度关系到该地区生态文明教育工作的成败。此系统的评价内容应主要包括：政府对生态文明教育的政策指导，生态文明教育长期、近期规划和年度计划，生态文明教育条例和各部门的规章制度；发展绿色经济、绿色科技的规划和实施情况；组织机构建设情况，成立各级领导小组，并有专职人员负责；专有资金投入情况，应有一定比例的生态文明教育资金；宣教人员达到一定的比例；政府工作人员生态文明教育的培训率；绿色科技人才储备情况等。

2. 新闻宣传系统

新闻宣传是生态文明教育的重要形式，应起到架起政府与公众之间桥梁的重要作用。此系统的评价内容应主要包括：生态文明教育新闻宣传领导小组工作；有政府或委托相关机构开办的绿色网站；广播、报纸、刊物有生态文明教育的专栏；对重大生态环境活动的报道；面向大众进行生态政策、生态法律法规普及的情况；公开生态文明建设相关信息的情况；主要街道和社区设立生态文明教育宣传栏（廊）等。

3. 学校教育系统

学校教育是生态文明教育的重要阵地，对学校教育的评价可以结合绿色学校（幼儿园）、绿色大学的评价。此系统的评价应主要包括：中小学、幼儿园创建国家、省、市各级绿色学校（幼儿园）的情况；高校生态文明教育的情况；各类职业学校传播生态文明观情况等。

4. 公众参与系统

公众既是生态文明教育的主体也是对象，公众参与是生态文明教育的重要力量。此系统的评价应主要包括：国家、省、市各级绿色社区（生态社区）、生态村（乡）建设情况；大众广泛参与与生态、环境相关的世界日活动情况；建设生态文明教育基地情况，如开发国家森林公园、各级自然保护区的文化功能，修建生态公园，并设有专职生态解说员、公众体验区等；非政府组织参与环境保护活动的人次等。

5．企业运行系统

在生态文明建设过程中，企业肩负着重大的责任。对此系统的评价应主要包括：产业生态化程度；建设"国家环境友好企业"情况；从业人员生态文明教育普及率，如生态知识普及率；企业行为对生态环境影响的情况；开发、使用生态环保产品的情况；承担社会责任的情况；绿色科技人才储备情况等。

应当说明的是，以上的评价体系只是粗线条的，具体的指标有待进一步科学论证。另外，省、市、县各级评价体系应视情况而有所不同。

（二）生态文明教育效果评价体系

生态文明教育效果评价体系主要是通过对公众生态文明意识和公众对生态文明的满意度来检验生态文明教育效果。

1．公众生态文明意识

生态文明教育的根本目标是提高公民的生态文明意识，因此，一个地区的公民生态文明意识的高低是评价该地区生态文明教育工作成效的一项重要指标。生态文明意识评价的内容应包含生态文明教育目标体系的全部内容，具体包括生态文明知识、生态文明态度情感、生态文明价值观、生态文明意志信念和生态文明行为等方面。这项指标的评价可以通过对调查对象的问卷调查、走访、观察得出该群体的生态文明意识程度。

2．公众对生态环境、生态文明的满意率

生态文明教育效果另一个重要的评价指标是公众对生态环境、社会生态文明的满意率，这项评价主要是检验政府的工作效果，主要考察公众对所生活地区的生态环境、生态文明程度的满意程度。其内容主要包括环境优美度、资源承载度、绿色开敞空间、享受绿色经济、绿色科技成果状况等。这方面的评价可以通过问卷调查来进行。

四、中国生态文明教育的未来展望和建议

生态文明教育已经成为促进中国政治、经济、社会、教育、可持续发展不可或缺的重要途径和手段之一，但中国的生态文明教育仍处于理论研究多于实践研究阶段。因此总结

过去的经验，发现现实中的不足，展望中国生态文明教育的未来，建立良好的生态文明教育机制，以保证生态文明教育顺利开展。

（一）进一步强化政府的主导作用，加强制度化、法制化建设

1. 政府在生态文明教育中应发挥更大的主导作用

首先，进一步发挥政府的政策导向作用对中国生态文明教育工作具有重要的意义；其次，加强政府官员生态文明教育及培训是首要任务；再次，建立和完善生态文明评价指标体系可以起到良好的引领作用，推动生态文明建设；最后，加大经费投入，加快培养掌握可持续发展理论和技能的科技人员，做好人才的培养工作。

2. 加大立法的力度，加快行政体制的改革

赋予人民代表和政协代表更大的权利，加强对各领域生态文明教育的监督，促进生态文明教育的深入开展。尽快出台《国家生态文明教育法》则是中国生态文明教育法制化的一个迫切需求。

行政体制改革的核心是转变政府职能，政府职能转变的关键是对公共事务的管理。生态环境问题关系到广大民众，政府职能转变可以以此作为突破口，转变过去以行政指导为主为以服务为主，通过进一步改善公共环境为生态文明教育创造良好的外部环境，提高生态文明教育的有效性。

3. 建立官员绿色考核指标体系

早在20世纪90年代末，中国政府就为将环保指标纳入政府官员考核体系做了大量的前期工作，考虑将官员的政绩与生态环境改善紧密结合，从而强化-政府官员的环境意识，从源头遏制为了政绩牺牲环境的行为蔓延。我们认为这一进程应加快进行。

4. 加强生态文明教育的民主制度建设，建立健全公众参与的民主监督机制

公众参与是生态文明教育民主制度建设的前提和基础。从国际发展经验来看，在环保等公共事务上，公众是环境最大的利益相关人，拥有保护环境的最大动机。公众参与的主体，不应仅局限于人大、政协，还应包括基层社区、民间团体、企业、基金会。公众参与的方式，不应仅局限于传统的立法、监督、信访，还应包括听证制度、公益诉讼、专家论证、传媒监督、志愿者服务等多种途径。

5. 加大政府部门间的合作

今后，环境保护部门、教育部门及林业部门应进一步密切合作加强生态文明教育。在学校生态文明教育方面，建立起以教育部门为主导，环保、林业部门积极配合的学校生态

文明教育的体制；利用主题环保宣传活动，吸引更多的青少年直接参与，环保、林业部门应为各级学校生态文明教育提供更多的公共资源，如共建一批生态文明教育基地，使学校的生态文明教育更接近现实。

6. 企业应自觉参与生态文明教育

企业既是生态文明教育的主体，也是受教育者，但作为中国企业，普遍没有树立起这种意识，加大对企业的生态文明教育，使之自觉参与生态文明教育，承担起生态文明教育的义务，并发挥起教育和示范作用，乃是今后中国生态文明教育的一大任务。一方面，企业应加强对内部员工的生态文明教育，鼓励职工通过技术创新努力降低资源成本；另一方面，通过创新，企业应自觉调整产业结构，节约资源、减少污染，积极生产环保产品，引导消费者改变消费方式，实现绿色消费。

7. 更好发挥民间环保组织的作用

随着中国公众参与环境保护的广度和深度不断提高，民间环保组织与政府携手推进环保，成为我国环境保护领域一个重要特点和新趋势。

国家需通过各种制度、政策加以积极培育，如投入更多的经费，给予更多的政策扶持，帮助提高专业水平等。《国务院关于落实科学发展观加强环境保护的决定》提出了"健全社会监督机制，为公众参与创造条件，发挥社会团体的作用"的要求，指出"发挥社会团体的作用，鼓励检举和揭发各种环境违法行为，推动环境公益诉讼"。今后，民间环保组织通过参与社会监督，将极大地促进生态文明教育民主制度的建设，推动生态文明教育的深入开展。

（二）加快绿色大学建设，培养生态文明建设的绿色人才

为了满足中国生态文明建设的需要，作为培养专业人才基地的大学应不断改进教育的内容、方法，努力培养生态文明建设需要的人才，在建设资源节约型和环境友好型社会过程中，充分发挥基础和先导作用，为资源节约型和环境友好型社会建设提供智力支持和思想保障。因此，通过推动绿色大学的建设，培养既具有生态文明意识，又具有生态文明建设能力的绿色人才，是今后中国生态文明教育的一个重要任务。

总体上来说，目前中国生态文明教育停留在重理论轻实践，重知识传授，轻能力培养的层面。中国生态文明教育要想达到既定的目标，还需要加强对公众生态环境保护实践的指导，以提高公众保护生态环境的能力。

创建绿色学校活动应重视师生的实践。"绿色学校"不仅代表着一种理念、标志，更

代表着一种行动和能力。绿色学校的师生不仅具有生态环境保护的知识，更应具有保护生态环境的实践能力，因此，组织学校师生积极参与实践，在实践中提高能力显得更为重要。为了能够给师生提供更多的实践机会，绿色学校创建活动需要与教育教学改革相结合，需要与各地区的实际情况相结合，还需要家长、专家、社区、媒体、政府机构及人员的有效参与。特别是前者，学校的教学、管理体制是影响师生参与生态环境保护实践积极性和效果的因素。当前，根据不同年龄、不同类别的学校、不同专业背景，制定可操作性强的生态文明教育实施方案是各级学校，特别是高校迫切需要的。

创建绿色社区应调动社区居民参与的积极性。创建绿色社区，改善环境，使环境达到一定的硬性指标，这固然需要政府的支持和投入，但更需要社区居民的积极参与以及绿色行为能力；创建不仅需要人们的热情和轰轰烈烈的宣传形式，更需要培养人们持之以恒的环保行为，而这恰恰是目前需要解决的。因此，政府可以动员或资助一些民间环保组织深入社区，参与社区的实践，帮助居民掌握环境保护知识，鼓励居民采取绿色行为，指导居民提高保护生态环境的能力。

创建绿色企业应是今后生态文明教育的目标之一。通过创建，一方面可以提高企业员工生态文明的意识；另一方面，经过企业对员工的培训，可以提高员工绿色环保的技能，为打造中国绿色 GDP 打下基础。

加快创建生态环境教育基地的步伐。从以往生态环境教育基地建设效果来看，基地在吸引公众参与、提高公众生态环境保护实践能力等方面发挥了重要的作用，因此，今后应加快创建生态环境教育基地的步伐，进一步开发和完善基地的功能，使基地不仅成为展示生态文明成果的场所，还成为公众创造生态文明的场所。

第三章　生态文明教育模式

第一节　环境教育模式

一、环境教育的课程模式

（一）单科模式

为了与多学科模式做一对比，我们把国外常见及我国少数学校采用的环境教育单科模式作简单介绍。

1. 含义与优劣势分析

环境教育的单科模式，即单一学科模式，又称跨学科模式，是从各领域中选取有关环境科学的概念、内容方面的论题，将它们合并成一体，发展成为一门独立的课程。

单科模式，或叫做跨学科模式的优势在于：

其一具有完整的内容体系。由于环境教育的内容来源于各个学科，而且还可以包含现有学校教育教学中没有的内容，环境教育的内容十分丰富，可以形成较为完整的环境教育的内容体系，避免多学科模式分散性的弱点，使环境教育保持整体性、系统性、针对性，以有效地达到环境教育的目标。

其二保证灵活的教学方法。单独开课，主要采取的是以课堂为主，通过教师的授课直接向学生传授环境保护知识，由于教学学时能够有保证，就可以把课内教学与课外活动有机地结合起来，使得灵活安排教学内容和教学形式有了保证，如可以开展户外教学、实践教学、生态体验教学等活动。

其三有利于加强教学管理。单独开课，课程纳入教学计划，排进课表，有利于对课程加强教学管理，同时也有利于师生对环境教育的关注和重视。由于是一门独立的课程，对该课程的教学质量的评价可以制定出相对稳定、客观的教学质量评价标准，教师在教学中对照标准完成教学，从而保证教学质量的不断提高。同时，教育部门可以运用统一的标准对各个学校的环境教育进行监督和综合评价，推动环境教育的深入开展。

单科模式也有其劣势，主要表现在：首先，单独设课需要增加课时，这样不仅会增加学习者的负担，而且还要增加财力的投入；其次，由于对教师的水平要求高，给学校带来一定的难度和压力；再次，比较难解决与其他科目中环境教育主题相重复的问题。

2. 实施单科模式的条件分析

这个模式在国内外都有一些实施，但不太普遍。国内基本以选修课的形式开设。实际上，如果满足以下的条件，跨学科模式具有良好的前景。

其一培养从事环境教育的专门人才。按照我国目前师范教育的师资培养模式，培养的人才都是专业人才，即有明确的学科方向，因此，要单独开课，对教师的知识结构要求提高，就需改变现有的师资培养体制，向培养全才的方向发展。但是有人认为，没有必要也不可能。认为没有必要者认为环境教育不是一门学科，它是一种态度、意识和情感，需要在环境中学习；认为不可能者认为没人愿意从事跨学科的环境教育，去掌握多个学科的知识。客观地讲，单独设课确实给师资培训带来一定的难度，但并不意味着不可行。目前一些省市在中小学中把培养艺术素质的相关课程统一起来，另开设一门《艺术课》，通过调整师资培训计划和教学计划来实施。我们可以借鉴这一做法，通过培养专门从事环境教育的教师，使国际、中国环境教育的思想与理念能真正落实到实处，最终实现环境教育的目标。

其二进一步加强课程改革。为了克服单独设课的弱点，除了解决师资问题，还需进一步加强课程改革，这是落实环境教育不可或缺的环节。纵观我国环境教育发展的过程，每次环境基础教育的进展和成果都是在基础教育的教育教学的改革和改进的基础上取得的。在课程改革中，开发出一门集各个学科与环境相关，同时又避免与其他学科重叠的独立教材是需要考虑的重点之一。然而，独立开课的环境教育课程应涵盖相应年级所学各个科目的知识点，不仅要达到环境教育的目标，还要达到相应科目的学习目标，这就需要组织专家重新编写教材，为环境教育独立开课打下基础。

（二）多学科模式

渗透式环境教育是国际环境教育的主要方式之一。教育部印发的《中小学生环境教育专题教育大纲》提出："在各学科渗透环境教育的基础上，通过专题教育的形式，引导学生欣赏和关爱大自然，关注家庭、社区、国家和全球的环境问题，正确认识个人、社会与自然之间的相互联系。"几十年来，中国环境教育走过了从生物、化学、地理等特殊学科向思想品德、语文、数学、美术等一般学科渗透，从而涉及各学科的渗透过程。

1. 含义与优劣势分析

环境教育的多学科模式，也叫渗透模式，即将环境教育的内容（如概念、态度、技能）融入现行的各门课程中去，通过各门学科的课程实施，化整为零地实现环境教育的目的与目标。

这种模式的优势在于：一是学校通过这一课程模式开展环境教育无需改变现有的课程结构。环境教育的内容有计划地分散安排到学校现有课程中，再加上各学科都蕴含着极为丰富的与环境相关的科学知识，不同的课程为环境教育提供了大量实现不同目标的机会，为在学科教学中渗透环境教育打下了坚实的基础。同时，教育者也可以根据所渗透的学科特点，采取不同的教育方式，如实验、社会调查等。二是它无需设置专门的环境教育的教师和增加教学的时间，教师也无需投入大量的精力考虑整个环境教育的内容体系，因此，不论对教师还是学生，都不增加太多的负担。这十分符合我国环境教育现状的需求，具有非常好的实施条件，也成为我国中小学开展环境教育主要选择渗透模式的主要原因。然而，渗透模式也有其自身的弊端和无法克服的缺憾。

首先，缺乏系统性。我们知道，环境教育具有综合性、系统性的特点，其内容涵盖自然科学及人文社会科学的方方面面，而且这些内容互相联系，构成不可分割的整体。环境教育的任务是让学生在全面获得环境知识的基础上，能够整体地、系统地、联系地观察和分析环境问题，获得综合分析解决环境问题的能力，树立正确的生态价值观与环境态度，能够正确处理自身与环境之间的关系，养成良好的环境行为习惯。很明显，在现行教育体制下实现环境教育这个目标有一定的困难，因为在渗透模式下环境教育的任务由多门学科分担完成，在一定程度上割裂了环境知识的内在联系，使学生很难形成系统的环境知识体系以及获得解决问题的综合能力，从而使环境教育目标的实现大打折扣。

其次，给环境教育教学带来一定的难度。环境教育具有实践性的特点，环境教育的目标之一是要培养学生在应对与解决实际环境问题时的决策能力和动手能力，而这一目标的实现有赖于学生在环境中的亲身体验与自主探究。渗透模式由于将环境教育主题或成分分散于各门学科中，实施中要兼顾原科目本身目标的实现，再加上不增加教学课时，在教学方式上就受到了限制，不易于就某一环境专题开展灵活多样的实践教学，进行更为深入的研究。

最后，增加了环境教育评估的难度。由于环境教育的内容分散到各个学科中，涉及的学科多，教师多，范围大，分散性强，要想达到较好的效果，就需要达到整体部署，统一要求，否则不仅教学质量得不到保证，也给教育的评估带来一定的困难，反过来，也就无法进一步改进教学。

2. 实施渗透模式的前提条件

与单一学科相比，渗透模式的特点比较符合中国的教育体制，因此，这个模式从中国实施环境教育的一开始就被采取，并得到了基础教育部门的普遍认可而得到广泛应用。也正因为这种模式有它先天的不足，有关人士认为，以下几个方面是保证这种模式有效进行的重要前提：

其一课程的精心设计。环境教育本身系统性、整体性的特点要求教师精心设计和准备讲课的内容，把环境教育自然地融入各门课程教学的过程中，而不是生硬地插入进去。否则，环境教育有可能像碎片一样无序地撒在各个学科中，或者与各学科内容不衔接，从而影响环境教育功能的整体发挥。

其二教师的责任感。渗透模式把环境教育的任务分解给各个学科的任课教师，每一位教师都是任务的承担者，如果教师缺少责任感，草率地对待环境教育，把环境教育作为额外的任务，或期待别人完成任务，其结果就会影响教学质量。因此，教师需要对本学科所渗透的环境教育内容有十分清晰的认识和宏观的把握，把环境教育看作是造福当代，造福子孙的伟大事业，尽心尽责完成好自己应当承担的任务，环境教育的整体效应就能显现出来。

其三学校的组织协调。正因为渗透模式具有分散性特点，教师往往各自为战，教学中难免会造成知识重复或遗漏。因此，为了保证环境教育的教学质量，学校应做好组织、协调和管理工作，如采取各个学科内的教师集体备课，协调各个学科间环境教育内容的衔接，确定专人负责协调全校的环境教育教学工作，加强对环境教育效果的评价等以保证环境教育目标的最终实现。

3. 实施渗透式环境教育的步骤

步骤一选择适当的环境主题。

选择主题的依据有：现阶段社会的需要，学生的能力与经验，学生及其生活社区的情况，教师的能力与经验，学生学习的科目。

步骤二选定教学科目及单元。

分析确定的环境主题与相关学科的关系，决定可渗透环境内容的教学科目、教学单元，环境内容应包括环境概念、环境态度和环境技能。

步骤三发展环境教学目标。

以前一步骤的分析结果为基础，发展一个或多个环境教育的教学目标，它包括认知的、情感的和技能的目标，如有必要，在相关的学科中可增添教学目标或修改原有的教学目标。

步骤四编制环境教育的教学内容。

根据教学目标，编制适当的教学活动和教材内容，以渗入相关学科原有的教材之中。

步骤五发展新的教学过程。

由于增加了新的教学目标活动，教学过程应相应地作些调整，如阅读、实验、观看影片等。

步骤六增加新的过程技术。

为了完成新的教学目标，在现有的教材中，除了培养调查、访问、识别事实证据等过程外，还可增加下列几方面内容：收集、分析和处理资料，作出价值判断，提出冲突原则的假设，预测可能出现的问题等。

步骤七增加新的教学资源，包括设备，如：教材、实验器材等，以进行新的教学活动。

步骤八收集有关活动素材及建议新的教学活动主题，可由学生提出。

二、专题教育模式

虽然独立开课是未来环境教育的发展趋势，但中国目前设置独立环境教育课程的条件仍尚未成熟，因此需要在现有渗透式教学的基础上，通过具有独立设课性质的教育方式来弥补渗透模式的不足，环境教育专题教育正是应这一要求诞生的。

环境教育专题教育就是在各学科渗透环境教育的基础上，通过专题教育的形式，引导学生欣赏和关爱大自然，关注家庭、社会、国家和全球的环境问题，正确认识个人、社会和自然之间的相互关系，帮助学生获得人与环境和谐相处所需的知识方法与能力，培养学生对环境友善的情感、态度和价值观，引导学生选择有益环境的生活方式。

（一）含义及特点

环境教育专题教育（以下简称专题教育）模式是在各学科渗透教育的基础上，通过整合教学资源，围绕某个环境问题以专题的形式展开环境教育，以引导学生正确看待环境问题、培养他们社会责任感和解决实际问题能力为目标的专题性课程。专题教育模式具有如下特点：

1. 综合性和跨学科性

专题教育模式最大的特点就是既有多学科的综合性又具有独立设课的跨学科性。这种教育模式的内容来自各个学科的知识，教育是对各学科中与环境教育有关的知识的整合。

虽然专题教育模式的课时较少，不能完全满足环境教育，但其具有的功能可以弥补渗透式教育模式的不足，使各科渗透的环境知识元素通过专题教学实现整合与重构。学生可以通过专题活动将各渗透科目所学的环境知识融会贯通，形成系统的知识体系，而且完成这个过程不需依附于任何科目。因此，专题教育模式既具有多学科性又具有独立设课的跨学科性。

2. 层次性和针对性

专题教育模式具有层次性和针对性特点。环境教育根据学生不同的年龄及身心发展的规律赋予不同的目标和教学内容，具有层次性和针对性。环境基础教育分为四个阶段，即小学 1~3 年级，4~6 年级，初中 3 年，高中 1~2 年，每一个阶段都有明确的学习目标和内容。如小学低年级主要通过感知环境，亲近、欣赏和爱护自然，掌握日常生活的环境道德行为规范。对于高中生来讲，由于具备了一定的思考能力、判断能力和解决问题的能力，环境教育的目标就提高了，即通过探索环境培养其保护环境的社会责任感等。可见，低一阶段的教育是高一阶段教育的基础，高阶段环境教育目标的实现是以低阶段目标实现为前提的，最终完成基础教育阶段的环境教育任务和实现环境教育的目标。

3. 参与性与实践性

教学活动安排的特点建议中强调学生的参与性和实践性，要让学生亲身参与和体验，如针对小学阶段的环境教育，建议安排学生通过触摸大树、倾听自然等游戏，进行用水情况调查、规划心中的社区，用画笔、手工制作等各种形式开展环境保护宣传。这样的安排可以拉近学生与环保的距离，使环境教育具有很强的亲和力，对于培养学生良好的生活习惯，有非常直接的作用。如此，学校师生可以就一些环境教育专题灵活多样地组织教学活动，如户外活动、模拟游戏、实验、研究性学习等。

当然，在中国实行的专题教育模式课时过少，这是一个最大的缺陷，由此可能会影响专题教育模式功能的有效发挥，而最终降低教育的效果。然而，随着中国环境教育的深入，我们有理由相信这种局面会得到改善。

（二）专题教育模式的功能

1. 专题教育具有科技整合的功能

专题教育不是就某一学科或某几门学科所渗透的环境知识展开教育，而是在各学科渗透的基础上以专题的形式引导学生去综合思考，全面理解环境问题。学生可以通过专题教育将其在各渗透科目中所学的环境知识进行整合与归纳，形成对环境全面整体的认识。专题教育不仅弥补了渗透式教育所带来的知识割裂的缺陷，而且使学生能够将所学的知识融会贯通形成系统的环境知识体系和整体联系的生态意识和价值观，提高他们综合分析解决问题的能力。

2. 专题教育为师生和环境间的互动交流提供了良好的平台

要让学生亲身体验和自主探究，要从生活中的现实问题入手，学习调查和研究环境，注重师生与环境的互动交流。这样学生可以把环境作为认识的对象，学习的场所，也可以把自然环境作为良师从中得到有益于自我发展的熏陶与滋养。师生通过与环境的实际接触，通过亲身的经历和参与，将会意识到环境问题的严重性，并把保护环境看作自己生活必不可少的重要组成部分，最终把承担保护环境的责任作为自我发展的内在需要。

3. 专题教育能促进各学科知识间的互融流动

各学科的教师通过共同参与设计、组织和开展专题教育，不仅能增加相互间的交流与沟通，促进各学科教师在教学方法与经验上的共同借鉴与分享，增强各学科间的协调性，而且还可避免环境教育在内容上的重复或遗漏，同时为各科教师进一步准确把握渗透内容奠定基础。

4. 专题教育能促进学生与社会的交流

中小学的环境教育，从小学 4~6 年级开始直至高中阶段都有了解社区、了解区域、理解环境问题的解决需要社会各界多方面的努力的具体内容，同时由于专题教育模式具有实践性的特点，更加有利于学生走向社会、走向实际，在现实生活中观察、思考和体验环境问题的发生和发展，理解环境问题的复杂性，养成关心环境的意识和社会责任感，从而促进学生与社会的交流。

5. 专题教育能实现环境教育与学生自我发展的契合

专题教育强调对学生综合素质的培养和发展。由于环境问题是由相互联系的原因和问题的影响构成的复杂网络，这就意味着我们在分析解决环境问题时不可单凭某方面的知识或经验就得出结论，要联系所学的知识全方位地看待问题。专题教育正是通过逐步地引导学生感受、思考、探究我们身边的环境及环境问题，培养学生的环境意识和审美情趣，使学生养成用联系发展的眼光分析看待问题的习惯以及综合思考问题能力和动手解决问题的能力。

专题教育是中国迈向环境基础教育课程化的举措之一。它弥补了以往渗透式环境教育的不足与缺陷，成为环境教育渗透式的延伸和必要的补充，推动渗透式教育更好地开展与实施。这两种方式共同构成我国目前学校环境基础教育的主要课程实施渠道，对中小学生环境知识、生态价值观、技能的培养发挥着巨大作用。

（三）专题教育的教学策略

好的课程方式不等于产生好的教育效果，专题教育模式要切实有效还需要具备以下条件：

1. 切实落实好教学计划

由于不是单独设课，也不是渗透在各个科目中，因此，要想实现专题教育目标，切实落实课时是比较关键的一步。很显然，专题教育课程平均每学年的 4 学时是不能放在任何一门课程中的，其开课的形式很值得推敲。这里有几种形式可以考虑：一是课程教学部分在相关的课程中加入以环境为主题的内容；实践教学部分与学生的综合实践活动结合，加入与环境相关的专题；二是采用嵌入式教学模式，即在学期的某个时期，如一周，集中安排专题教育，这种教学安排可以使环境教育的开展变得较有弹性，可以为学生提供室内和户外环境教育的各种机会，也可以便于组织在环境教育中占有重要地位的野外考察。

2. 因地制宜开展形式多样的教学活动

参照教学活动建议，选取具有地方特点的学习材料，这就要求组织者遵循因地制宜的原则就地取材，利用学生熟悉的环境，调动学生参与的积极性，这也正好符合"从可解决的问题入手，以教师、学校、家庭和当地社区的现实环境问题作为学生了解环境问题的起点"的要求。目前在我国，有相当一部分学校是通过编写环境教育专题校本教材的方式来落实"有地方特点的学习材料"和"当地社区的现实环境问题作为学生了解环境问题的起点"的要求。另外，形式多样的教学活动能激发学生探究问题的兴趣，因此教师可以针对不同认知水平的学生设计多种形式的活动，指导学生根据自身的特点选择学习方式，并充分尊重学生的选择，如开展户外活动、做模拟游戏、编演情景剧、社区服务、实验、野外实地考察等。

3. 鼓励学生自主探索学习

专题教育要求通过鼓励学生自主探究学习，从而培养学生对人与环境关系的反思意识和能力。首先，教师积极引导学生发现身边的环境问题，然后组成小组对问题进行充分的讨论；其次，收集各种信息，确定解决问题的办法和途径；再次，着手准备开始行动直至解决问题；最后，评价活动结果并总结。这里需要说明的是，学生自主探索学习并不是完全由一个个的个体独立完成学习的过程，我们建议以小组学习的方式进行。小组学习需要组员之间的配合和合作，因此可以培养学生的团结协作精神，同时，也可激发学生解决环境问题的创新热情，从而提高学生的创造能力。这个方式适用于各个阶段的环境教育，尤其是高级阶段的环境教育。

三、综合实践活动模式

（一）含义和特点

环境教育的综合实践活动模式就是以综合实践活动为载体，对各学科的基础知识加以整合利用，使学生具有初步的环境意识，能积极地参与环境活动与实践，形成一定的情感态度、价值观和综合能力的课程模式。在这个模式中，环境教育的载体是综合实践活动，活动涉及的领域是多方面的，包括《基础教育课程改革纲要（试行）》中建议的研究性学习、社区服务与社会实践、劳动与技术教育、信息技术教育，也包括其他的领域，如班团队活动等。综合实践活动的内容是环境教育，两者相互结合，拓展了环境教育的领域，丰富了环境教育实施的途径、方式和方法。这个模式具有如下的特点：

一是综合性。综合实践活动模式的综合性首先体现在内容的综合性，其内容涉及自然科学和社会科学的多个学科，如地理、自然、物理、化学、生物、思想品德、社会等，具有跨学科的特点；其次是教育途径的综合性，学校是基础，主渠道，学校与家庭、社会的结合是不可或缺的；最后，教育的方式和方法是综合的，研究性学习、社区服务、户外活动、亲近自然等教育的方式应相互交替开展，最终实现环境教育在知识、技能、情感、行为、价值观等方面的综合目标。

二是实践性。实践性是综合实践活动模式最突出的特点。实践活动本身就是这个模式的基本形式，学生在各种实践活动中通过动手、动脑，亲近自然、感受自然，掌握第一手资料，体验良好的环境给人类带来的好处以及环境问题给人类带来的危害，促使学生争取理解人与自然、环境的关系。如此，不仅可以培养学生对环境的情感、正确的态度和价值观，而且可以提高学生对环境保护知识的理解，环保的技能和创新能力，更重要的是实践活动可以帮助学生逐渐确立可持续发展的意识，并且把这种意识内化成自身的素质，最终外化成自觉的环保行为。

三是开放性。综合实践活动模式开放性体现在内容、形式上。首先，从内容上讲，综合实践活动模式的教学内容不是来源于固定的书本、教材，师生不会受固有的结论束缚，教学的材料来源于学生对当地实际情况的调查和考察，在总结分析的基础上得出恰当的结论。这样学生独立思考的能力得到了锻炼，又由于结论是学生自己探究得出来的，因此更易于被学生接受。其次，教学资源的开放性。由于综合实践活动模式的环境教育可以因地制宜，就地取材，学生的学习不受时间或空间的限制，实际生活的方方面面都可以作为环境教育的资源，加上学生在学习中相互交流，更扩大了这种开放性。再次，教学形式的开放性。师生可以根据具体情况自主选择教学形式，特别是应用性和可操作性的教学形式。

（二）综合实践活动模式教育手段的主要类型

综合实践活动模式真正实现了以学生为主体、以教师为主导的环境教育，方式、方法和途径更具多样性，其教育手段主要有以下类型：

1．研究性学习

研究性学习是学生在教师的指导下，从自然、社会和生活中选择和确定专题进行研究，并在研究过程中主动地获取知识、应用知识、技能的实际应用，注重学习的过程和学生的实践与体验。

运用研究性学习开展环境教育，改变了以往的灌输式的教学方法，代之以探究式的教学方法。研究性学习可以实现课内外、校内外的结合，促使学生走出学校、走进社会，发挥主观能动性，主动发现问题，自觉寻找解决环境问题的途径和方法，在研究中提高综合能力，增强社会责任感。例如北京市西城区科技馆的教师组织学生对北京的河流、湖泊、大气、噪声垃圾以及生态环境进行调查分析，吸引了学生们的思考和研究，其中有一个学生作的"关于北京洗车浪费水的"调查，得到北京市相关部门的重视，随后出台了一系列的节水措施。在研究性学习中，师生的教学关系改变了质的变化，学生从配角变成主角，教师从演员变成导演，从台前走到幕后，学生的自主性得到充分发挥，教师的主导地位更加得到体现。

研究性学习在开展环境教育中采用的基本步骤：第一，提出问题，问题要来自于实际生活；第二，确定研究解决问题采取的方法和步骤，制定出方案；第三，实际行动，建议以小组的形式开始行动，包括收集资料、实地考察、社会调查、做实验等；第四，整理、分析资料，对整理收集到的各种资料、数据，进行归纳、总结、统计、并以图表的形式展现；第五，在小组内进行讨论，对图表进行对比、分析，提出各自的见解；第六，得出结论，在讨论的基础上，形成最后的结论；第七，写出报告，小组之间进行交流。

2．社区服务

社区服务是学生在生活的社区中，通过参加社区活动，在劳动中增长知识，同时把学到的知识用于实际生活中，在为社区服务中得到实际体验和锻炼。社区服务在环境教育中可以发挥重要的作用：一方面学生在为社区服务中可以发现环境问题，为研究性学习提供素材和资源；另一方面，开展社区服务还可以使学生亲身体验环境与人们生活的紧密联系，以培养对环境的情感和环境保护的社会责任心；同时，社区还为学生提供了实践环境教育的场所，使他们在为社区的服务中提高实践能力。为社区服务，不但调动了学生的积极性，而且还激发了家长参与环境保护的热情。

通过社区服务开展环境教育可以从以下几个方面入手：选择与学生生活紧密相连的社区，与社区建立联系，寻求社区的支持；与社区协商确定服务的项目；在社区中开展环境保护的实践，教师要注意引导学生在活动中主动发现环境问题，思考解决的办法，并通过研究性学习提出解决的办法；在社区中宣传这些办法，并应用在实际生活中，最后总结其效果。

3. 现代信息技术应用

利用现代信息技术开展环境教育的模式就是把现代信息技术与环境教育结合起来，应用现代信息技术为环境教育搭建一个平台，使学生在学习的过程中在运用信息技术，获取与环境有关的信息，并运用信息探索环境问题和解决环境问题，促使学生学习能力的提高。这个模式可以解决环境教育存在的信息交换困难、缺乏交流的问题，提高教与学的效率，改善教与学的效果，改变传统的教学模式。这个模式的环境教育方式是合作式的、互动式的、个性化的；环境教育的途径可以拓展到家庭、社区；采取的环境教育的方法是充分利用现代教育技术优势，开展自主探究学习。

值得说明的是，利用现代信息技术开展环境教育除了将信息技术作为一种工具外，还要结合其他的教育手段，如研究性学习，只有这样，才能更好地实现环境教育的目标。

基础教育中的环境教育者们经过多年的实践，探索了各种环境教育的模式，特别是在实际工作中，把各种模式有机地结合起来，使各种环境教育模式能各尽其能，各展其长，带动基础教育教学的改革，从而共同推进了我国的环境教育事业的发展，使其出现生机勃勃的新局面，为培养具有高素质的人才作出了巨大的贡献。

第二节　社会教育模式

中国环境教育最开始的主要形式是社会教育，即向广大群众宣传环境保护的知识，提高公众环保意识，故有"中国的环保起源于宣教"之说。《中国环境保护 21 世纪议程》指出："通过多年的探索和实践，中国环境宣传已经形成了一系列的工作方针，积累了比较丰富的工作经验。环境宣传是环境保护事业的一个重要组成部分，在环境保护事业中起到了先导、基础、推动和监督作用；环境宣传的一个重要的指导方针是走社会化宣传的路子，依靠各部门、各行业以及群众团体、大众传播媒介等进行广泛的宣传；环境宣传的重点对象是各级领导和广大青少年；环境宣传在不同时期有不同的重点内容并围绕环境保护的中心工作进行。"几十年来，环境教育的社会教育模式（以下简称社会教育模式）在环境教育中发挥了重大的作用。

一、社会教育模式的目标和作用

环境社会教育的对象是社会各阶层的公众，其目标就是通过各种渠道大力宣传生态环境保护，唤起和提高大众的生态环境意识，并促使人们行动起来，加入保护人类共同家园的行列中来。宣传作为大众传播的重要形式，具有传播的功能和作用。

就个人而言，个人在接受宣传所传播的信息过程中，增长自身的才能，逐渐适应并参与社会环境的改造，在造就自身个性化的同时完成个人的社会化。

就媒介组织而言，宣传的功能，即在传播活动中，媒介组织所具有的能力和作用或应完成的任务。它包括告知功能、表达功能、解释功能和指导功能。告知，是向人们迅速、及时地提供新近发生的新闻和信息；表达，是指人们通过媒介和符号表述和交流自己的思想、观点和情感；解释，是指对告知的信息进行深层次的介绍、评价；指导，是指通过告知消息、表达观点、解释缘由、公开劝服，对受众的思想和行动所产生的一定的方向性指导和引导点作用。

就社会而言，宣传的社会功能即政治功能、经济功能、教育功能、文化功能等。政治功能一方面是指大众传媒可以帮助政府收集、解释情报；传播、执行政策；宣传法律；稳定社会秩序；协调社会行动，另一方面大众传媒可以帮助公众了解、监督、政府的工作、政策；表达民意，影响政府决策；认识生活环境，提高生活质量。经济功能是指大众传媒可以推动社会经济的发展；教育功能表现为大众传播媒介直接向受众传播知识、营造重视教育的社会氛围、发挥部分学校教育的作用；传播的文化功能主要表现为承接和传播文化；选择和创造文化；沉淀和享用文化。

环境宣传教育工作可以作为环境保护战车上四个车轮之一，即环境保护法制、环境保护投入、环境保护科技和环境宣传教育，可见环境宣传在环境保护中的重要性。环境宣传教育是通过大众传媒对大众开展与环境有关的宣传，由此，我们可以把环境宣传教育的功能、作用归纳为以下几个方面：

第一，就个人而言，环境宣传教育可以吸引人们参与环境保护活动，使人们在其中逐步提高自身生态环境建设和保护环境的能力，并能够自觉投入到改善生态环境中去，成为现代社会需要和有用的人。

第二，就环境宣传教育的组织而言，首先，可以通过各种形式的环境宣传向大众迅速、直接、快捷、形象、及时地提供与生态环境相关的新闻和信息；其次，通过媒介，人们之间也可交流对生态环境问题的看法、观点；再次，向大众传达、解释政府保护环境的政策、分析现实中环境问题的原因；最后，环境宣传教育还可以通过典型示范、触类旁通，间接地、潜移默化地发挥自己的指导作用，如指导人们学会绿色生活、绿色消费等。

第三，就社会而言，环境宣传教育是传播环境知识的有效途径，其教育功能不容忽视，通过环境宣传可以帮助人们更好地掌握生态环境知识，了解环境保护法律体系和环境保护的技术知识，稳定社会秩序，营造强大的社会舆论氛围和声势，为环境保护工作提供强大的社会基础和动力，最终推动整个社会经济健康、有效地发展。

第四，环境宣传是传承生态环境文化、倡导生态文明的重要手段。生态文明建设作为中国未来的任务之一，这是因为传播中国传统文化中保护生态环境的思想，倡导生态文明是创造和谐社会的重要保证。现代社会的发展既要求人们树立一种公正和正义的发展观，对未来承担责任，又要求人们对自然界承担责任。环境宣传教育可以提高人们的环境责任感和环境伦理道德水平，从而促进全社会生态文明的建设。

二、社会教育模式的特点

现阶段我国的社会教育是以政府、环境宣传教育者为主导，由企业大力支持，新闻媒体借助各种传播媒介实施监督，广大群众共同参与，为了实现共同的环境价值目标而进行的各种环境实践活动。政府在环境宣传方面所扮演的是绝对主角；企业对社会环境宣传的热情近年来开始逐渐升温，除了少数企业具有主动的参与意识之外，大多数企业对社会环境宣传的支持还是比较被动的，在某种程度上企业对社会环境宣传的参与还停留在"赞助"的层面上；与企业自身行动不够形成对照的是，公众参与社会环境宣传的积极性在不断提高，这证明当今社会主流价值观对保护生态环境的认同，公民的环境意识有所提高；而新闻媒体的监督作用在环境宣传教育中发挥着不可替代的作用。

关于社会教育模式的特点，如果与基础教育的环境教育模式进行比较，除了两者的教育对象有所不同外，在内容上，社会教育具有广泛性，而基础教育的环境教育的选择性更强；在形式上，社会教育具有灵活性，而基础教育的环境教育更具规范性；在管理上，社会教育较松散，而基础教育的环境教育更严密。

从传播学角度来讲，社会教育模式与整体互动式传播模式相类似。整体互动式的传播模式中的"各个要素既是整体的又是互动的，整体是说，功能的完成要依赖于模式各个要素的参与，互动是指要素、信息之间的相互沟通、相互交换、相互创造、相互分享制约、影响和作用"。"整体互动模式不仅充分考虑系统与外部世界的复杂工序，而且重视传播过程中各种因素共同构成的整体关系以及人类传播的全部现象，要求传播者在研究中要自觉地和准确地将整体与局部、要素与因子、内在结构与外在关系等有机结合起来。"在社会教育模式中，公众与政府之间、公众与媒介之间、媒介之间、公众之间相互交换环境信息、经验、思想，形成共同的环境意识和统一的环保行动。

由此，社会教育模式具有传播的整体互动模式的四个特点：

一是整体性和全面性。社会教育模式既包括了人际传播，也包括了大众传播和网络传播。人们在参与过程中，传播者和公众之间以及公众之间直接交换环境信息，同时，公众借助媒介表达和反馈自己对环境的看法和观点，这个模式能真实地再现环境宣传传播活动的基本过程和内外联系。

二是辩证性和互动性。在社会教育中，主体之间的双向交流、多向沟通的互动性更为突出。在其中，环境信息依靠公众提供，环境政策、法律、知识依靠宣传者向公众传播，环境问题需要向公众公开，公众则监督政府、企业等的环境行为。

三是动态性和发展性。社会教育模式不是固定不变的，会随着现实情况或人们认识水平的发展而发展，如传播的角色可以转变，作为公众既可以是受众者也可以是传播者，他们中的一部分人在提高了环境意识后，可以以各种方式影响他人，使更多的人具有环境意识。

四是实用性和非程序化。环境社会教育从人类面临的环境问题出发，联系公众的现实生活、关注公众周围的实际问题，如水污染问题、空气污染问题，通过多种形式、途径开展环境教育，鼓励人们采取行动，为改变环境问题共同努力。

三、社会教育模式的主要形式

广大的环境保护工作者和社会各界有识之士运用各种宣传形式开展环境宣传教育活动，引导公众积极参与到保护环境的行动中来，积累了大量的经验，形成了环境保护部门宣传、新闻媒体监督、公众参与的环境宣传教育形式。

（一）环境保护部门的环境宣传教育

全国各级环境保护部门的宣传教育中心是受政府委托开展环境宣传教育的专门机构，是政府环境教育政策最直接的贯彻者。在环境宣传教育中，政府所扮演的是绝对主角，政府通过主题确定、宣传计划安排、活动策划、组织实施等环节将环境宣传纳入其宣传管理范畴之内，牢牢地把握了环境宣传的方向。其具体行动主要有：

1. 组织各种与环境相关的纪念日活动

目前在世界环境日、世界地球日、无车日、植树节、国际生物多样性日、国际保护臭氧层日等与环境有关的纪念日里，各级政府或者相关的职能部门都会与社会群众或团体组织一起举办各种形式的公众纪念活动，通过集会、表彰、发表纪念讲话、发放环保宣传品、环境知识展览等方式呼吁社会各界对环境问题的关注，引导群众参与到关心环保、支持环保的活动中来。举办公众纪念活动在我国环境社会教育活动中是历史最长、最为常见的一种方式，几乎是伴随着环境保护工作的开始一直持续至今，在各个地方、各级政府组织的社会环境宣传活动中均可以看见这种方式，其形式和基本程序基本得到了保持，内容则紧扣时代的主题，成为政府推动公众环保活动的主要形式之一。

2. 推动环保公益宣传

政府与新闻媒体相互合作，通过电视公益广告、环保公益海报、发放环保公益宣传品、纪念品等开展环境宣传教育。环境公益宣传是用公众易于接受的方式，以媒体、公共宣传平台和与日常生活相关的物品为载体，宣传环保的理念、政策、法规和行为方式。环保公益宣传可以在一定时间、一定范围内，比较及时、高频率地向公众进行灌输式宣传，让人们目之所及看到人类的环境问题，时刻反思自己的行为或是监督他人的行为，使环保意识由教育强化成一种习惯，使环保参与成为一种自觉行为。

3. 开展公众环保咨询服务

公共环保咨询是由政府或社会群团组织举办公众环保活动常用的形式，通常咨询服务也包括环保投诉的内容在内，以组织环保行业的技术专家和管理专家解答群众提出的各种环保问题为基本形式。活动的组织者旨在通过活动为人民群众提供环保方面各种形式的服务，了解人民群众在实际生活中遇到的主要问题和诉求，从而达到与人民群众沟通并引导群众关心环保的目的。广大群众通过咨询反应自己的诉求，了解有关的环保知识，寻求解决所面临的环保问题的办法。公众环保咨询服务提供了一个很好的政府与公众互动的平台，拉近了政府与公众之间的距离，是一种开展环境社会宣传的有效形式。

（二）新闻媒体参与的环境宣传教育

实践证明，在中国生态面临严重危机的情形下，新闻媒体环境教育形式在唤醒人们的生态环境保护意识，提高人们保护环境的能力，特别是提高决策者的决策能力方面起着重要的作用。

新闻媒体，包括广播、电视和报刊、网络，是大众传播的重要途径和手段，它最大的特点是快速性，特别是网络、广播和电视传播的信息能快速和及时被大众所接受，从而能更好地发挥教育的作用，而网络由于其不受时间、空间的限制而更便利、更快。此外，广泛性是媒体宣传的另一大特征，通过广播、电视和网络，信息可以传播到千家万户，甚至可以跨越国界。随着我国广播、电视和网络建设的发展，其广泛性的特征更加显著。

（三）公众参与的环境宣传教育

所谓公众参与，指的是群众参与政府公共政策的权利，强调的是群众的权利与政府对此权利的保护，即群众有权利参与关系自己切身利益的公共事务（包括人口与就业、教育与文化、资源与土地、环保与生态、治安与稳定、医疗与交通等各个领域），有权利对公共事务过问、咨询、提意见，政府应对公众的这些权利给予保护并提供相关服务。没有公众参与就没有环境保护运动。同样，中国政府在进行环境宣传教育中积极倡导公众参与，当前，公众参与环境保护已成为解决我国严重环境问题的有力措施。

公众参与的环境保护的内容和形式主要包括：公众对环境的监督，如"群众举报、参与环境影响评价听证会、征求意见会、环境处罚的制订，人大、政协建议和提案的处理"；环境公益诉讼，"即任何公民、社会团体、国家机关为了社会公共利益，都可以以自己的名义，向国家司法机关提起诉讼"；公众参与环境宣传教育，如参加政府等各种组织组织的以环境为主题的活动、参加绿色学校、绿色社区的创建、在环境教育基地接受培训，参与环保志愿活动等。目前，我国公众参与环境保护，最多还是参与环境宣传教育活动，其他形式的开展有待于我国公众参与机制建设的进一步完善。

公众参与环境宣传教育可以激发公众的积极性，以提高公众的参与意识，保证公众的环境权益，同时可以促使公众明确自己应承担的责任和义务，从而能更加自觉地投身到保护环境的活动中去。目前，我国公众参与的环境宣传教育主要有以下几种方式。

1. 参与环境纪念日系列活动

借助强大的舆论声势，唤起公众参与环境保护的热情和意识，可以取得事半功倍的效果。这种集中式的大规模的主题宣传，也非常符合我国民众的心理，这也是对公众进行环境教育的优势。

2. 参与绿色系列创建活动

进入 21 世纪后，全国开展了创建绿色学校、绿色社区、绿色家庭、绿色大学的系列活动。绿色系列创建活动是公众参与环境宣传教育的主要形式之一，是动员全社会参与环境保护的有效载体，是一种新机制。这种形式充分说明"宣传教育工作由虚走向实，越来越贴近生活、贴近大众，团结和凝聚了更多的人参与环保、支持环保、实践环保，使环境保护成为每一个人的自觉行动"。

目前，较好的、较成熟的、较规范性的创建活动是全国绿色社区、绿色学校和绿色家庭的创建评比，在一些地方也开展了绿色大学、绿色企业、绿色 GDP 评比和"环境保护知识下乡、进企业"活动。但由于种种原因，这些方面没有得到广泛推广。如果绿色系列创建活动得到各个阶层、各个行业的响应，形成一个全员参与的、覆盖各个方面的绿色创建网络，这将是一条具有中国特色的公众参与环境宣传教育的新路子。

3. 发挥环境保护民间组织的作用

民间环保组织是推动环境宣传教育的一股不可忽视和或缺的力量，特别是广大青少年的环境保护志愿者组织，他们有激情、有创意、有参与环保公益活动的热心，有关注中国生态环境的爱心，更有倡导绿色节俭的恒心。他们的参与使得环境宣传教育更有活力，更加增强了环境保护的动态性和互动性。

民间环保组织的功能主要包括：与政府对话，监督政府的工作；向公众传授环保的技能，提高公众环保的努力；收集环境信息，为政府公共决策提供参考；联合各界人士共同开展社会公益活动；培训环保志愿人员等。

然而，民间环保组织的生存与发展的状况不容乐观，有的组织自生自灭，有的难以维持。对于这股力量，各级政府应大力支持，加强与民间环保组织的关系与合作，建立相应机制，搭建政府与之对话的平台，就重要的公共政策进行专门的解释与沟通等等，联合民间环保组织和各界人士联合开展社会公益行动，使之发挥更大的作用。

4. 参加环保嘉年华活动

嘉年华活动是一个舶来品，意思就是"狂欢节"，环保嘉年华是这个意思的引申，类似于一个"环保游园会"活动，就是将环保的理念、环保的知识与游戏活动结合起来，以"寓教于乐"的方式来开展环境宣传。目前国内不少城市举办过类似的活动：广东省深圳市举办的"少儿环保节"和"青少年环保节"就是比较典型的环保嘉年华活动；深圳市的活动已经连续举行两届，每次都有几十个游戏项目，涉及资源综合利用、节水节电、垃圾分类等和环保有关的主题，内容丰富，活泼有趣，让孩子们在游戏中学到了环保知识，深受广大青少年和家长们的欢迎。

5. 举办公众环保论坛

这是公众参与环境宣传的高层次形式，通常是由学术界和知识界举办，近年来开始引入社区和志愿者组织。公众环保论坛是一种十分灵活的环境宣传形式，其既可以是高端的环境论坛，探讨环境保护的理念，研讨环境保护的发展战略等高层次的环境问题，同样也可以讨论如何处理发生在社区中的环保争议，社区居民行为对环境的影响等发生在群众身边的"小问题"。专家学者可以通过论坛向社会、向群众传播环保的理念和知识，社区居民也可以通过论坛与社区管理者建立起"对话"的机制。

第四章 生态文明教育的指导思想、目标及内容

第一节 生态文明教育的指导思想

一、生态文明知识教育——生态文明教育思想的基础

十九大报告中提出要在21世纪中叶把我国建设成为社会主义现代化强国，社会主义现代化强国集富强、民主、文明、和谐和美丽于一身。这是第一次将"美丽"一词纳入到社会主义现代化建设里，"美丽中国"的建成与生态文明知识教育休戚相关。生态文明知识教育是生态文明教育思想的基础。

生态文明知识包括生态理论知识、国家生态文明建设战略与布局知识、全球生态问题等。生态理论知识是人类认识自然的钥匙，包括动植物知识、地理环境知识、气象和气候知识等。

生态文明知识教育是人们正确认识人与生态环境关系的基础其内容广泛。通过举办宣讲会、报告会、读书教育等活动和利用广播、电视、报刊、网络等媒体渠道，积极开展生态文明知识的普及工作，可以唤醒公众的环保意识、危机意识、节约意识等。

二、生态文明意识教育——生态文明教育思想的核心

生态文明意识是一种反映人与自然和谐发展的新价值观是人对自然的关系以及对这种关系变化的深刻反思和理性升华，是产生生态文明行为的前提。"要加强生态文明宣传教育增强全民节约意识、环保意识、生态意识营造爱护生态环境的良好风气。"节约意识首先体现在节约资源方面，节约资源是保护生态环境的根本之策。要大力节约集约利用资源推动资源利用方式的根本转变加强全过程节约管理大幅降低国土资源、能源资源、水资源、矿产资源、粮食资源等的消耗强度。节约意识必须深深植根于全体社会成员的脑海里必须体现在社会生活的方方面面，从节约每一滴水、每一粒粮食开始树立节约就是保护生

态、保护水源、保护家园的意识。

良好的生态环境是人类生存与健康的基础。清新的空气、干净的饮水、安全的食品、优美的环境是人们的期盼和渴望，也是美丽中国的必要元素而环境的好坏在很大程度上取决于人们环保意识的高低。人类是大自然中的一员，不是大自然的主宰者，任何违反自然发展规律、严重破坏生态环境的行为都会遭到大自然的报复，雾霾、酸雨、海啸等频频光临就是大自然的报复。生态环境保护是功在当代、利在千秋的事业要像保护眼睛一样保护生态环境，像对待生命一样对待生态环境。

三、生态文明行为教育——生态文明教育思想的目标

生态文明行为是人们在一定的生态意识、观念、情感支配下在生产生活实践中的现实表现是生态文明知识、生态文明意识、生态文明观念得以体现的重要渠道，也是生态文明教育思想的终极目标。生态文明行为包括个人的行为表现、对他人行为的处理方式以及对整个环保事业的责任担当。每个公民除了自觉规范自己的行为外还有责任对他人的行为进行监督和纠正并积极参与环保工作的实践。现实生活中，人们有很多生态不文明的行为，如在旅游景区乱涂乱刻、随手乱扔垃圾、践踏草坪、破坏花草树木、损坏公物、浪费粮食、超前消费、盲目攀比等要改变这些不良行为就要加强生态文明行为教育。

要践行绿色发展的新理念，倡导绿色、低碳、循环、可持续的生产生活方式。要节约资源杜绝浪费，从源头上减少垃圾；要使节约用水成为每个单位、每个家庭、每个人的自觉行动；要引导每个公民自觉参加义务植树活动；要制约奢侈炫耀、浪费无度的消费行为要倡导推广绿色低碳消费和绿色低碳出行。

塑造公民的生态文明行为是一项复杂的工程，也是一个不断递进的过程需要学校、社会、家庭三方协同努力，才能真正使公民将践行生态文明行为作为一种生活方式。

坚持共谋全球生态文明建设之路。这是我国生态文明建设的全球倡议。生态文明是人类文明发展的历史趋势。建设美丽家园是人类的共同梦想。面对生态环境挑战，人类是一荣俱荣、一损俱损的命运共同体，没有哪个国家能独善其身。必须秉持人类命运共同体理念，同舟共济、共同努力，构筑尊崇自然、绿色发展的生态体系，积极应对气候变化，保护生物多样性，为实现全球可持续发展、建设清洁美丽世界贡献中国智慧和中国方案。

四、习近平生态文明思想的主要内容

习近平生态文明思想，经过长期的发展，最后走向成熟，形成了一定的科学理论体系，内涵十分丰富，主要包含以下几个方面的内容。

（一）人与自然和谐共生

人与自然和谐共生是建设习近平生态文明思想的重要理论基础，人不能够离开自然界而单独存在，自然界需要通过人力进行维持，两者相互作用，人与自然的关系在人类社会中是最基本的，自然界为人类提供生存环境，生存条件，生存资源，而人类本身也属于自然界的一部分，马克思早在1844年经济学哲学手稿中，就指明"人是自然界的一部分"。人类通过社会实践，对大自然进行改造和利用，但这种改造和利用必须符合自然界发展规律，不能凌驾于自然之上，要真正做到尊重自然、顺应自然、保护自然，做到人与自然能够和平共处、和谐共生。

（二）绿水青山与金山银山

绿水青山，本意是指水源清澈见底，山峰耸立，树木茂盛，深意是指环境优美，生态良好。金山银山，本意是指物产丰富，各种资源甚多，深意是指经济的不断发展。绿水青山与金银山，其关键就是要对经济发展和生态环境保护有明确认知，绿水青山和金山银山不是相互对立的，而是相互共存的，甚至两者可以合为一体，指明了改善生态环境就是发展生产力，生产力与生态环境共同发展，在保护好生态环境的基础上，大力发展生产力。

（三）加强生态环境保护制度建设

建设生态文明是一场涉及生产方式、生活方式、思维方式和价值观念的革命性变革。俗话说"没有规矩不成方圆"，在生态环境建设过程中，需要通过良好制度和法律来给予充分的保障，在生态环境建设过程中存在一些突出的问题，而这些问题的出现往往是与制度不严格、体制不完善、法制不健全相关，因此必须要提高制度建设，实行生态文明体制改革。生态文明建设需要有严格的制度和法制来提供保障。由此可见，严格的制度和法制，是加快生态环境保护制度建设的催化剂。

五、习近平生态文明思想的理论意义

首先，习近平生态文明思想从最开始的形成发展到最后的成熟阶段，是一次慢慢的积累与沉淀，每一次发展都对生态环境的改善起到了良好的促进作用，过去的生态环境和生态系统遭到严重破坏，空气污染、水源污染、荒地沙漠化，随着习近平生态文明思想发展与成熟，生态环境破坏行为得到有效的遏制。其次，提高了人民群众的幸福生活指数，人们对于物质精神境界满足的同时，对生态环境等方面也提出了更高的要求，要拥有蔚蓝的天、清澈的水、干净的空气、绿色的树木等优美生态环境，要在解决生态环境问题时做到以人为本，做到以人民为中心，体现了党和国家一切为人民服务的根本宗旨。再次，明确了经济发展与生态环境保护的辩证关系。改革开放以来，国家大力发展生产力，经济快速发展，却忽视了环境保护和生态问题，以至于生态环境问题日益突出，随着习近平生态文明思想的提出，人们更加意识到经济发展与生态环境保护，是相辅相成、相互作用的关系，实现经济发展并不意味着放弃生态保护，而对生态环境的保护也不意味着经济的停滞，要充分认识两者关系，实现经济发展不能以破坏生态环境为代价，因此，要正确认知经济发展和生态环境保护的联系，实现两者在协调中平衡发展。最后，习近平生态文明思想包含在"五位一体"总体布局中，对实现中华民族伟大复兴起到不可估量的作用，生态环境建设属于"五位一体"总体布局当中最后一部分生态的重要内容，而实现中华民族伟大复兴，必须要统筹"五位一体"总体布局，必须要坚持加强生态环境保护，必须要贯彻落实习近平生态文明思想。2035 年的目标是实现社会主义现代化，21 世纪中叶实现中华民族的伟大复兴，这个伟大的梦想，需要有伟大的理论来支撑，而习近平生态文明思想就是其中重要的理论之一，它是中华民族永续发展的根本大计。

总之，习近平生态文明思想，从产生形成到发展成熟，是通过一次次实践考验被证明的正确的理论指导思想，通过人与自然的和谐共生，真正做到了尊重自然、顺应自然、保护自然；通过绿水青山就是金山银山的理念，充分揭示了经济发展与生产环境保护的辩证关系；通过对生态环境保护制度的建设，解决了生态环境中面临的严重突出问题。

第二节　生态文明教育的目标

一般说来，目标是指在一定的条件和环境下，人们的行为活动所期望达到的结果。简言之，目标是人们根据一定的主、客观条件对未来的一种期望。目标和目的是两个既有联系又有区别的概念。目的是指人们希望自己的行为所要取得的结果的规格，具有高度的概括性和抽象性。目标是目的的分解和具体化，回答的是某一时期、某一阶段人们所要达到的那些预期目的。在一定意义上说，目标就是目的的具体体现，它与目的实质上表述的是同一含义，只不过更为具体一些而已。

生态文明教育的目标，就是生态文明教育所期望达到的结果。它规定了生态文明教育的内容及其发展方向，是生态文明教育的出发点和归宿，制约着整个生态文明教育活动的进展情况。目标的科学性直接关系到生态文明教育的成效，生态文明教育要取得成功，一个基本的前提是必须有一个科学的目标。只有目标正确，才可能为生态文明教育的实施确立正确的方向，使之沿着正确的轨道发展，从而取得良好的效果。

一、生态文明教育的最终目标

生态文明教育的最终目标即生态文明教育的目的，就是通过家庭教育、学校教育和社会教育等途径提高社会成员的生态文明素质和相关行为能力，以使其逐渐树立生态文明理念，从而能够在生产生活中自觉践行生态文明理念。简言之，生态文明教育的最终目标就是培养和塑造具备科学生态观、适应社会发展需要的生态公民。

那么，什么是科学生态观？它与非科学生态观有何区别？什么样的公民才是生态公民？下文将在回答上述问题的基础上深化对生态文明教育目的的认识。

生态观是人类对生态问题的总的观点与认识。这些观点建立在生态科学所提供的基本概念、基本原理和基本规律的基础上，是在人类与全球自然生态系统的基本层次上进行哲学世界观的概括，是能够用以指导人类认识和改造自然的基本思想。基于对人与自然关系的理解和认识，人们的生态观也在不断演进之中。从历史发展的先后来看，具有代表性的生态观主要有人类中心主义生态观、生物中心主义生态观和生态中心主义生态观。人类中心主义生态观主张，人是整个宇宙的中心，处于最高位置，只有人类才有价值，其他物种基本上不存在价值问题。所以人类的行为活动都是从对人有利的方面出发，把维护、实现人类的利益作为最高标准与最终目标，至于人类的行为是否会伤害到其他物种的生存与发展，一般不在人们的考虑范围之内。随着人类对自然界实践的深入与理论认识的深化，人们逐渐认识到应该把所有有生命的物种纳入生态伦理的视野之中。于是，在生态观方面，人类中心主义逐渐被生物中心主义所取代。生物中心主义强调，一切有生命的个体都有自身的价值，尤其是动物，把判断善恶的标准定为对生命存在的伤害与否，提出只要是使生物产生痛苦感受的行为都是非道德的。在人类道德视野不断扩展的基础上，人们不仅把所有生物纳入伦理的范围之中，而且把自然界中的所有存在物，包括空气、水、岩石等都融入了人类道德伦理的范畴中。于是，生态中心主义逐渐取代生物中心主义而在人们对待自然的态度方面占据主流。生态中心主义认为宇宙中的万事万物都有其存在的价值，整个世界是一个具有内在联系的统一整体，其中包括无机界和有机界，整体中的各个部分之间相互联系、相互影响。生态中心主义还认为不管是对无机界个体或整体的伤害，还是对有机界个体或整体的伤害都会在某种程度上对世界整体产生不利影响。然而，上述种种生态观都有一定的缺陷，在指导人类社会发展的过程中会带来各种危害。人类中心主义把人类的利益与发展作为一切的中心，在伦理价值观上的表现是"对自然的控制"。人类行为在以人类利益为中心的生态观支配下，产生了过度生产、过度消费和严重污染的粗放式生产消费模式，从而造成生态失衡、资源短缺和环境恶化等威胁人类生存的种种生态危机。而生物中心主义和生态中心主义的缺陷在于：首先，把生物及自然界看作与人平等的主体，是对人的拒斥和消解，是一种"泛主体"思想；其次，把自然万物的存在价值与人类的价值等同，实质上是将人物化和价值关系泛化；最后，把伦理的范围扩大到自然万物是对伦理道德的误解，因为除人以外的自然万物不可能承担道德责任、履行道德义务。

尽管以上几种生态观均有其合理之处，但同时它们也都有自身难以克服的缺陷。那么，什么是科学生态观呢？科学生态观是人们科学对待包括人、社会和自然界在内的整个生态系统的主要思想观点，是指导社会成员在生产、生活中主动践行保护环境、节约资源、维护生态平衡的行动指南。科学生态观在扬弃传统生态观的基础上，充分吸取他们各自合理的成分，立足人类的长远利益与社会发展的现实状况，从人与自然和谐的整体观与事物发展的过程论求解人口与资源、环境等方面的矛盾与对立。在深层次上，科学生态观还体现了在提高国人综合素质的基础上，使人们形成一种生态自觉意识，从而实现人与自然和谐相处。

具体来说，科学生态观与传统非科学生态观有如下区别。

首先，从人与自然之间的关系来看，科学生态观认为人与自然之间还存在主体间关系，并非单纯是传统生态观认为的主客体关系。长期以来，在人类中心主义的影响下，人们大都认为只有人类是主体，其他自然物都是人类的客体。于是，人类以自然界中有智慧、会劳动的高级动物而自居，在谋求自身生存、发展的过程中把自然资源及其他生物当作逆来顺受的纯粹客体。然而，事实证明，不仅其他生物对人类的不当行为有反作用，而且自然界的河流山川等都会对人类破坏自然的行为进行反抗与报复。近年来不断严重的沙尘暴、雾霾、海啸、地震等在某种程度上就是自然对人类的报复与反抗。显然，自然并不是在人类控制下任其为所欲为的对象。从物种平等与系统论的角度来说，世界上的所有物种都是平等的，都是针对其他存在物而言的主体，自然界也均有其存在的价值，在维护整个生态系统平衡方面有其不可或缺的意义。因此，科学生态观反对把自然只是看作人类可以任意驾驭和利用的对象与工具，而使自然到处充满被人类征服与破坏的痕迹。当然，我们也不会甘愿做自然界的奴隶被动地适应自然，而是要在尊重客观规律的基础上改造自然、利用自然。历史发展表明，人类对自然的改造和利用自原始社会以来就没有停止过。不同的是，科学生态观主张在顺应自然、尊重自然的基础上利用自然，强调应该把自然万物看作是与人类平等的主体，主体间应该互惠互利、相互促进、共同发展。

其次，从价值观方面来看，科学生态观超越了传统生态观在价值观方面的狭隘认识。

传统生态观在价值方面通常认为，只有人类才有价值，其他生物是没有价值可言的，就更不用说自然界的非生命存在物有什么价值。当然，这种观点在以人类为中心的世界观中有其积极的意义，但从人类的长远发展与整个自然界的发展规律来看，这种"价值唯人论"是片面的，也是不科学的。从自然界的发展演进来看，大自然中的万事万物都有其独立于人之外的价值，并非对人没有用的东西就没有价值。其实，一直以来，我们对价值的判断，都停留在人类中心主义的束缚中，从人类与其他物种的主体间关系来看，所有的自然存在物都有其自身价值，正是无机界与有机界中所有物种的存在与相互作用，才使整个生态系统运转平衡、稳定，成为一个相互依存、相互影响的有机整体。为此，人类要尊重、保护其他物种，包括其他动物、植物乃至自然界的山川河流，我们应该在谋求自身生存、发展的同时考虑对其他物种的影响。只有人与自然万物和谐相处、共同繁荣，人类才能真正实现自身的永续发展。

最后，科学生态观在社会发展理念、生产方式、消费方式等方面超越了传统生态观。从资源、环境、人口与社会经济发展的联系来看，科学生态观主张在人类社会的发展过程中，对自然的索取要以对自然的回馈为基础，只有留给自然充足的循环修复的时间和空间，才能使其为人类持续提供各种自然资源和良好的生存环境。科学生态观还认为社会发展的水平不仅体现在经济总量的大幅增长上，同时生态环境状况也是社会发展层次的重要方面，如果失去了人类赖以生存的环境条件，那么经济发展取得成就也将毫无意义。在生产方式上，科学生态观主张积极探索低排放、低消耗、低投入、高产出的新型高效经济发展方式，彻底扭转原来那种高排放、高污染、高耗能、低产出的落后经济增长方式，大力发展以低碳经济、循环经济、生态经济为主体的绿色产业。在消费方式方面，科学生态观倡导合理消费、适度消费及绿色消费，认为应该尽量杜绝过度消费、超前消费、奢侈浪费以及各种以环境资源为代价的不良消费。同时，科学生态观还强调通过教育、社会宣传等方式在全社会普及生态文明理念，把生态文明同政治文明、精神文明等一起作为我国社会建设的重要目标。

总之，科学生态观"内蕴着平等与友好，表征着协调与秩序，指示着适度与均衡，追求着和谐与共赢，是人类在现阶段摆脱日益严重的生态环境危机，创造更加绚丽多彩的生态文明不可或缺的理念"。因此，为了使生态文明理念在全社会牢固树立，生态文明教育应该引导社会成员逐步形成科学生态观，扬弃人类中心主义和生态中心主义等传统生态观，从而逐步成长为适应现代社会需要的生态公民。那么，什么是生态公民？

"公民"既是一个法律概念，也是一个政治概念。从法律上说，公民指的是具有一国国籍，并依据该国宪法和法律规定，享有权利和承担义务的人。根据中国《宪法》规定，凡具有中国国籍的人，不论其年龄、性别、出身、职业、民族、种族等，都是中华人民共和国公民，都依法受到中国法律的保护，享有宪法和法律规定的权利，同时必须履行宪法和法律规定的义务。在政治上，公民拥有的法定权利集中体现为参与公共事务并担任公职的正当资格。

20 世纪末以来，有些学者已从培养生态公民的角度研究环境保护和生态危机问题，并发表、出版了相关专著和论文，成为环境伦理学、环境哲学和环境政治学领域的一道独特的风景。有学者认为，"生态公民可规定为能够将实现人与自然的自然性和谐作为其核心理念与基本目标，依法享有生态环境权利和承担生态环境义务，其中也表现为具有参与生态环境管理事务并担任公职资格的人。而真正的或合格的生态公民不仅应该具有坚定的生态理念，而且要具备明确的公民意识，并能积极地参与到生态环境事务行为中去。"也有学者认为，具有生态文明意识且积极致力于生态文明建设的现代公民就是生态公民。生态公民应该具备如下四个特征：第一是具有环境人权意识；第二是具有良好的生态道德和责任意识；第三是具有世界主义理念；第四是具有生态意识。以上学者对生态公民的界定与描述都有其合理之处，但本文认为所谓生态公民是指具备一定的生态文明素质和行为能力，在生产生活中积极践行生态文明思想的新时代公民。生态公民应该具备生态环保知识和生态文明理念，并且能够在生产生活中主动践行这种理念。从公民的权利与义务相统一的角度来说，生态公民在享受环境权、公平权和安全权等生态环境权利的同时，要承担维护生态平衡、保护环境和节约资源等义务。

同时，生态公民应具备以下三个方面的显著特征：

首先，要具备较高的生态文明素质。所谓生态文明素质是指人们生产生活中的行为方式所体现出来的对生态知识与生态理念的认知水平。公民的生态文明素质包括两个方面的内容：其一是人的意识中的生态保护知识与生态文明观念；其二是社会实践中的生态化行为表现。其中，生态文明观是生态文明素质的突出表现，生态文明观是对生态文明知识认知的升华，同时是指导生态文明行为的重要引擎。现代社会中，社会成员的生态文明素质对于应对生态环境恶化与资源约束趋紧的严峻形势具有重要意义，因为社会成员的生态文明认知水平和践行程度会直接影响生态环境建设的质量和速度。

其次，享受生态环境权利。公民身份的获得标志着某些基本权利的确定，比如生命权、自由权、安全权等。生态公民身份的确立也就意味着基本权利向自然界的延伸。一般说来，生态公民享有的基本权利包括三个层次：其一是生态公民享有为了维持其基本生活需要而获取清洁的空气、淡水、食物和有益身心健康的住所的权利；其二是生态公民享有在一定范围内参与改造自然而获得的基本文化生活权利；其三是生态公民享有不遭受环境污染与环境破坏引起的危害的基本生存权利。总之，生态公民在不违背自然生态规律和社会整体利益的前提下，享有为了维持其自身基本生存和基本需要的权利，享有不遭受环境污染和环境破坏的权利。

最后，承担生态环境义务。权利与义务是一对孪生兄弟，享受权利的同时必须承担相应的义务。没有无义务的权利，也没有无权利的义务。同样，社会成员在享用清洁的空气、干净的水、安全的生活环境等权利的同时，必须承担保护生态、爱护环境的义务，不能把废气、废水、废渣等有害物质随意排向空中或水中。有学者认为，生态责任是一定社会或阶级，在保证维护生态系统平衡的条件下，对个人确定的任务、活动方式及其必要性所做的某种有意识的表达。即生态公民要对自然界做自己应当做的事，对自然界做与自己的义务、职责和使命相宜的事情。总体来说，生态公民的义务、职责和使命便是维护良好的生态环境，为保持生态安全和生态平衡而积极行动。因此，生态公民必须做到尊重生命，保持地球的生命力；进行清洁生产，合理利用资源；履行适度消费的原则，反对奢侈浪费。

那么，为什么要在全社会培养和塑造生态公民呢？本文认为有以下原因。

首先，培养生态公民是应对人口危机，提高人口素质的需要。所谓人口危机是指由于人口过度增长、人口素质不高等原因造成的社会危机，也指国家出现的人口零增长或负增长给社会经济和政治生活造成的严重后果。但是，我们也必须清醒地认识到：经济上的"人口红利"期过后将进入劳动力短缺的困境，同时中国老龄化社会的来临，也会使人口危机更加严重。在人类的发展过程中，诸多因素可以影响生态环境，但是人口是最主要、最根本的因素。面对正反两方面的人口危机，通过培养适应社会发展需要的生态公民，来提高人口素质、平衡人口数量是促进我国社会经济平稳、健康发展的必由之路。特别是当前，在人口与资源、环境的矛盾日益突出的形势下，更需要高素质的生态公民对自己的生育行为进行合理规划，从而使中国人口的数量、质量与资源、环境的承载力相协调。

其次，培养生态公民是应对资源危机，实现可持续发展的需要。众所周知，能源、原材料、水、土地等自然资源是人类赖以生存和发展的基础，是经济社会可持续发展的重要物质保障。而且，在资源利用方面，我国存在资源利用效率明显偏低，经济增长方式粗放，资源需求增长过快，资源约束的矛盾不断加大等问题。现实生活中严重的资源浪费也在很大程度上制约了中国社会经济的健康发展。针对中国资源紧缺、使用不当和浪费严重的问题，除了开发利用新能源和积极提高资源利用效率外，必须教育和培养具备节能意识的生态公民，以科学合理地利用有限的资源，促进经济社会的可持续发展。

最后，培养生态公民是应对生态危机，建设生态文明的需要。生态危机是指由于人类不符合自然生态规律的经济行为长期积累，使自然生态破坏和环境污染程度超过了生态系统的承受极限，导致人类生态环境质量迅速恶化，影响生态安全的状况和后果。也就是生态系统的结构和功能被严重破坏，从而威胁人类生存和发展的现象，是人与自然关系矛盾冲突的结果。中国的淡水污染和空气污染形势严峻，土地资源退化也很严重，此外，中国生物多样性也在急剧减少。我们要从当前资源、环境及生物多样性存在的问题及面临的严峻形势出发，建设天蓝、地绿、水净的美丽中国，努力实现生产发展、生活富裕、生态良好。相比之下，现实与理想还存在较大的差距。有效化解各种生态危机，建设生态文明除了靠法律制度和科学技术外，更重要的是要提高社会成员的生态环保素质，培养生态公民。因为各种生态危机的出现在很大程度上是社会成员缺乏环保和节约等生态文明意识造成的，要扭转生态环境恶化的趋势，建设生态文明也必须从人的素质和观念入手，培养具备较高生态文明素质的生态公民，从而使之在生产生活中自觉践行生态文明理念。

总之，培养和塑造生态公民是中国提高人口素质、积极应对人口危机的需要；是推进可持续发展、有效应对资源危机的需要；是促进生态文明建设、逐步化解生态危机的需要。

二、生态文明教育的具体目标

（一）具体目标的确立依据

生态文明教育作为培养人的活动，其具体目标在思想认识和行为表现上具有不同的层次表现。生态文明教育目标的设定一方面要反映社会发展的现实需求；另一方面必须遵循人的身心发展规律。只有当目标建立在社会发展与人的发展相结合的基础上，才能真正成为生态文明教育活动的努力方向。生态文明教育具体目标的设定要依据一定标准，考虑相关的制约因素，具体来说，确立生态文明教育的目标层次要考虑以下几个方面的因素。

1. 社会发展的客观要求与党和国家的奋斗目标

生态文明教育是一种社会实践活动，必须适应社会发展的需要。可以说，社会发展的客观需要是确立生态文明教育目标的第一个重要依据。近年来，全球气候多变、臭氧层破坏、生物多样性减少、资源紧缺、环境恶化等问题越来越严重地影响人类的生存与发展。中国同样面临这些问题，甚至在某些方面表现得更为突出。生态危机与资源危机越来越成为制约经济社会发展的巨大障碍，而实现中华民族振兴与社会发展必须要克服这些障碍，必须处理好人与自然的关系，处理好代内发展与代际发展的关系。因此，生态文明教育的具体目标制定，必须依据我国人口众多、资源短缺和环境污染严重的社会现实。

我国是人民民主专政的社会主义国家，共产党是执政党，是广大人民利益的主要代表者，因此，党和国家的奋斗目标反映了社会发展的客观要求和人民群众的根本利益。所以，生态文明教育的目标应同党和国家的奋斗目标保持一致。针对社会整体的发展状况，从长远角度考虑，国家把建设生态文明、实现美丽中国作为了长期坚持的治国方略与发展目标。而生态文明教育本身就是为建设生态文明、实现美丽中国服务的基础工程，因此，生态文明教育目标的制定要以党和国家的奋斗目标为依据。

2. 生态道德形成规律和公民生态文明素质现状

生态文明教育是培养人的实践活动，它的所有活动都直接作用于人。因此，人的生态道德形成规律及教育对象的生态文明素质状况是确定生态文明教育目标的重要依据。

生态道德是人们正确处理人与自然关系的基本道德规范，是个人生态文明素质的重要体现。作为道德范畴的一个组成部分，生态道德的形成、发展、巩固也是一个有规律的发展过程。生态道德的形成以认知为基础，以情感与意志为必要条件，以信念为核心与中介，以行为习惯的养成为检验标准。同时，个体生态道德的形成和发展，不仅是一个认识过程，还应当是一个实践过程。它是把社会要求的生态文明理念逐步"内化"为个体的思想、观念、品质，进而"外化"为行为习惯的过程。因此，确定生态文明教育目标，不仅要注重理论素养和观念、理想层面的要求，同时还要强调知行统一、行为践履层面的要求。所以，确定生态文明教育目标绝不是教育者主观想象的设计，而要依据教育对象的生态道德基础与形成规律。教育目标所提出的各项素质规格及其地位、顺序，都是为了帮助教育对象形成一个完整的生态道德结构。

受教育者的生态文明素质水平及思想状况，对生态文明教育的具体目标制定尤其重要。因为，在现实生活中，教育对象的类型和层次各不相同。依据教育对象的职业、经济状况、文化程度、性别、年龄等状况，可以把教育对象分为不同类别，每一类又可按照思想觉悟、道德水准等分为不同层次。显然，不同类别、不同层次的教育对象的思想状况有所不同，这就要求我们在确定生态文明教育目标时，要充分考虑教育目标与受教育者思想状况之间的联系，充分考虑教育对象的可接受程度，这样才能确定恰当的教育目标。如果忽视教育对象的思想实际，就有可能把具体目标定得过高或过低，从而影响教育的成效。教育对象的思想层次不同，决定了生态文明教育目标的层次差异。在统领全局的根本教育目标的指导下，生态文明教育的具体目标必须是多层次的，要根据具体教育对象的思想状况来确定各行业、各部门、各单位生态文明教育的具体目标。

（二）具体目标的层次结构

生态文明教育作为一种培养人的教育活动，从人的道德形成过程与知行统一的视角制定教育目标更具体、更合理。

1. 获得生态文明认知

认知是指通过人的心理活动（如形成概念、知觉、判断或想象）而获取知识。一种认知的获得，需要对客观事物进行加工，通过形成概念、判断、推理等方式形成。一般认为，认知与情感、行为等相对存在，是情感和行为产生之基础。认知对行为习惯的养成具有导向作用，一个人在某方面的认知状况对其行为活动具有直接影响。通常情况下，人们对事物的认识越正确、越全面、越深刻，就越有助于将其转化为思想信念以及相应的行为。可见，认知是把一定社会的价值观念、规范转化为社会成员日常行为习惯的基础和前提。生态文明认知是指人们对生态环境客观状况的认识，是有关生态环境的基本常识和人与自然关系的价值态度。从内容上说，生态文明认知不仅包含了关于人类之外的生态环境的所有认知，也包括了人类自身及其与外部生态环境之间关系的认识，乃至包括人与人、人与社会相互关系的认识。从层次上看，生态文明认知不仅包含对生态现象的表面知识、深层原因以及规律的把握，而且涵盖人们对自然万物的价值性评价以及对人类行为方式的科学性评价。在指导人行为的整个心理结构中，生态文明认知以其对环境、资源的认识及对自身的价值意义为直观反映，进而促使人的生态文明情感产生并逐步加深，随着认识的深化和情感的升华，人们的行为也自然向节能环保、绿色发展的方向转化。显然，生态文明认知对于一个人形成较为深刻的思想信念具有基础性意义。需要指出的是，这里的生态文明认知主要是指理性认识意义上

对生态环境及其相关知识的知晓与领悟。当然，这种对生态文明的理性认知是建立在感性认识基础之上的，而由感性认识上升到理性认识恰恰需要教育在其中发挥积极的推动作用。

当前，我国社会公众对生态文明知识与理念的知晓度并不高，受经济发展水平和文化程度等因素影响，许多社会成员对"低碳""生态""PM2.5"等知之甚少。因此，生态文明教育的最基本目标就是让受教育者通过各种途径与方法认识和学习有关生态、环保、资源、节约等方面的知识，为进一步培养生态文明情感、树立生态文明理念打下基础。这是生态文明教育的起点，没有对生态文明的基本认知，社会实践中也不可能表现出生态化的行为方式。

2. 培养生态文明情感

情感是人对客观事物是否满足自己的需要而产生的态度体验。生态文明情感是人们在现实生活中对自然万物、生态环境以及人与自然关系等方面表现出来的一种爱憎好恶的态

度。它是一种非智力因素，是认识转化为行为的催化剂。一般说来，情感是伴随着人们的认识而产生和发展的，对人的行为起着很大的调节作用。心理学研究表明，人们对于自己所从事的活动、所接触的对象的情感喜恶及其程度，对一个人的态度表现与行为选择具有重要的影响。假如一个人非常喜欢某种活动，他就会想方设法参与这一活动，会把自己的时间和精力都放在上面，极为投入，反之，就会表现出敷衍、淡漠等消极态度。心理学认为，情感一旦占据心灵，就会支配人的思想和行为。列宁也曾说："没有人的感情，就从来没有也不可能有人对于真理的追求。"可见，情感对人的素质和行为方式的形成起着催化、强化作用。

生态文明情感是人们对山川湖海、各种动物、植物乃至整个生态系统发自内心的尊重、热爱、赞美等心理体验。这种情感的萌生主要源于两个方面：其一，自然物能够满足人的审美需要，人们在审美过程中会油然而生对自然的敬仰和爱惜之情；其二，自然界是满足人的生存需要和提高人的生活质量的物质基础，对此有深刻认识的人们会对自然产生出一种类似于儿女对母亲的认同、依恋、感恩和爱护之情。相比之下，前者比较普遍，后者比较深刻和稳定。生态文明情感在生态文明认知基础上形成，是对生态文明认知的深化和发展，是生态文明观念形成的助推器。通过生态文明情感，可以将外在的客观环境与内在的自我意识建立联系，并积极影响生态认知，在此基础上，共同促进生态行为的产生。通过情感体验，转化受教育者的生态认知，培养其尊重自然、关爱自然、保护自然的生态文明情感，并使之逐步向日常行为习惯转化，从而达到提高全体社会成员生态文明素质的目的。所以说，生态文明情感是受教育者心理在生态认知基础上的进一步提升，是表现生态文明行为的前提条件，培养社会成员的生态文明情感是生态文明教育的重要目标之一。

需要说明的是，人们对自己生活于其中的生态环境所具有的生态文明情感，意味着人在情感上对大自然的一种深刻的依赖性，这些情感在认知达到一定程度后不需要借助于外力，就能自动地促使人们去追寻自己同大自然的和谐统一。也正是这些情感，在促进人们的生态意志，促使人们更好地承担保护生态环境的法律义务和道德责任。同时，这些生态文明情感，还构成了人的心理结构当中一个不同于认知和意志的维度，即审美的维度。也就是说，当人们依靠上述情感来对待生态环境时，其实是在把它作为一个美的对象来进行欣赏。因此我们可以说，生态文明情感其实也是一种令人愉悦的美感。

3. 锻炼生态文明意志

意志，从心理学层面来说，它以语言或者行为为表现形式，是人们为了达到某种目的而形成的一种心理状态。日常生活中，意志一般是指人们在实现某种理想目标或履行特定义务的过程中，积极排除障碍、克服困难的毅力。同时，意志是产生特定行为的内在引擎，是体现主体认知程度、调节主体行为活动的精神力量。一个人良好行为习惯的形成，就是在其坚强意志力的作用下促使相应的行为反复出现并能够长期坚持。反之，倘若一个人意志力薄弱，其认识能够转化为行为习惯的可能性就很小，即使暂时可以对目标付诸行动，也不可能持之以恒。可见，是否具有坚毅果敢的意志，是人们能否达到一定素质水平的重要条件。

生态文明意志是人们在具备生态文明认知和情感的基础上，在生产生活中自觉克服困难、排除障碍而践行生态、环保、节约等文明理念的毅力。生态文明意志的练就是在获得了基本生态文明认知，培养了尊重自然、热爱自然情感的基础上，个人生态文明素质的进一步提升。这种意志是主动驱使人们自觉承担保护生态环境的责任与义务的行动自觉，正是通过这个意志向自己发出承担保护生态环境责任的行动指令，进而付出保护生态环境的合理行动。它可以命令我们在实际行动中要保护环境而不能破坏环境，要节约资源而不能浪费资源，要绿色消费而不能过度消费……显然，生态文明教育必须致力于帮助人们形成这样的生态意志，不然，人们就难以把生态保护的责任和义务落到实处。而生态文明意志的练就要以生态文明认知与生态文明情感为基础，当生态文明认知和情感发展到一定阶段，就会相互作用而形成生态文明意志，生态文明意志一旦形成总是牵动、引导内心的活动朝着好的方向采取实质性行动。生态文明意志对于生态文明素质的提高和生态文明行为的养成具有关键性作用，是生态文明教育具体目标的进一步深化。意志力是需要训练的，而且对情绪和想法的自觉调整十分重要。显然，社会成员的生态文明意志不是与生俱来的，是需要教育引导和实践锻炼的，因此，把锻炼社会成员的生态文明意志作为生态文明教育的一个重要目标，既是实现生态文明教育目的的需要，也是遵循人的心理发展规律的重要体现。

4. 树立生态文明信念

信念是人们的心理发展过程在认知、情感、意志基础上的进一步提升，是人们自内心深处对某种理论或规范的正确性、科学性的虔诚信任。信念是连接人的思想认识和行为活动的直接桥梁和纽带。人们的某种认知，只有经过大脑的理性思维提升和人生经历的反复检验才能使之上升为信念，进而成为人们行为活动的指南。信念就是一种被个体所理解的认识，是一种被个体情感所肯定的认识，并带有个体坚持与固守这种认识的意志成分。因此，信念是深刻的认识、强烈的情感和顽强的意志的有机统一，其统一的基础，就是人们承担某种义务的社会实践活动。信念比起前三者，更具有持久性、稳定性和综合性的特征，它在个人综合心理素质中处于核心位置，对个体在实践中的行为选择具有决定性作用。

生态文明信念是人们对人与自然和谐的生态价值、保护环境与维护地球生态平衡的责任意识的深刻认识与坚定信仰；是热爱地球、热爱自然、珍惜资源、珍爱生命的生态道德体现；是超越人类中心主义、生态中心主义而形成的整体观、系统观及和谐观。生态文明信念的形成是在认知、情感和意志基础上的自然升华，是指导生态文明行为的直接引擎。只有人们在思想意识中对生态文明的知识理论与价值观念深信不疑，才能将这些理念切实贯彻到现实生活之中。生态文明信念能够保证一个人的生态化行为具有持久性与稳定性。因此，树立生态文明信念是生态文明教育目标的高层次表现，是衡量一个人的生态文明素质的重要指标。

5. 养成生态行为习惯

从人的道德心理发展角度说，行为是在认知、情感、意志及信念的调控下，主体主动按照思想信念中的道德规范与是非标准在行为选择上的实际表现。行为是人们知识水平及道德素养的综合表现和外在反映，是衡量个人道德品质与思想素质优劣的根本指标。当然，这里所指的行为不是人的偶然性行为，而主要是指人们经常表现出来的习惯性行为。因为人们的偶然性行为不可能如实地体现其思想素质水平，而在人们的生活中无数次出现乃至形成习惯的行为，则可以比较客观、综合、全面地展现一个人的思想素质情况。同时，多次反复的行为一旦形成习惯之后，这种行为习惯又可以对个人认知的加深、情感的培养、意志的坚定及信念的固化起到积极的促进作用。因此，著名教育家叶圣陶曾指出，教育就是习惯的养成。可以说，生态文明教育的归宿就是使社会成员养成良好的生态文明行为习惯。因为人们对生态文明方面的认知、情感、意志和信念状况最终都要以行为习惯的方式来体现。

生态文明习惯就是指人们不需要思考在日常生活中就能做到节水、节电、爱护花草、绿色出行、垃圾分类等。也就是说，人们在想问题、办事情时能够自觉地从对环境、资源、其他动植物乃至整个生态平衡的有利角度出发。当然，生态文明习惯的形成不是一蹴而就的指令性行为，而是一个复杂的心理过程，如前所述，生态文明习惯也需要在相关认知的基础上滋生积极的情感体验，在情感升华的基础上形成坚强的意志，在持之以恒的意志力作用下固化成稳定持久、坚定的信念，有了关于生态文明的坚定信念，生态文明习惯才能够水到渠成、自然养成。从心理学来说，这是一个完整的心理发展过程，也是把相关知识先内化为自身的信念，再外化为实际行动的过程。当然，生态文明行为习惯的养成不能仅靠个体的主观努力来实现，还需要从客观方面，如制度规范、法律法规等方面促进社会成员在现实生活中养成节能环保、爱护生态等良好习惯，并且保证其长期坚持，以至达到自觉。一旦养成了生态文明习惯，人们就会主动践行生态文明理念，并以其生态实践活动反作用于社会，影响和带动其他人树立生态文明理念，进而促进整个社会生态文明践行氛围的形成。因此，从教育心理学的目标层次来说，能够在日常生活中养成节约资源、保护环境等良好习惯是一个人生态文明素质高低的最终表现和检验标准，是生态文明教育目标的最高层次。

第三节　生态文明教育的内容

一、生态文明教育内容的确立原则

生态文明教育的内容是生态文明教育的一个子系统，其组成要素涉及诸多方面。然而，生态文明教育内容的确定不能任意编排，而是要根据教育目的以及教育对象的思想实际确定。因此，对于生态文明教育内容的选择与确立除了考虑生态文明教育目标的层次性、教育对象的差异性和教育内容的契合性等因素外，还应遵循以下原则。

（一）综合性原则

内容综合性原则是指在生态文明教育内容的选择与确定过程中，要遵循联系、发展和全面的原则，使教育内容不仅包括自然科学方面的知识，还要涵盖社会科学方面的内容。这是由生态文明教育本身的性质及其要实现的教育目的决定的。从这一教育本身的性质与特点来看，生态文明教育，首先要涉及教育学科的相关理论，尤其是环境教育学和思想政治教育学。其次，从教育活动的内涵来看，教育是培养人的活动，要取得理想的教育效果，达到教育目的必须了解人的心理，这意味着开展生态文明教育还要涉及心理学的相关知识，特别是教育心理学和生态心理学的内容。再次，从理论指导来看，有效的教育实践必然要以一定的哲学理论为方法论指导，这涉及生态哲学与生态伦理学方面的知识。最后，从与生态文明教育直接相关的自然科学来看，对生态科学和环境科学知识的了解与整合必不可少。可见，生态文明教育在理论上要吸纳、整合众多学科知识，内容要体现出较强的综合性。从教育的目的来看，生态文明教育要达到使社会成员在掌握必要的科学文化知识基础上，认识到人与自然相互依存、互利共生的关系，进而树立人与自然和谐的价值观与生态观，使其最终能够在社会活动中践行科学的生态文明观。显然，这一目标的实现首先需要使教育对象掌握一定的自然科学知识，如环境科学方面的相关概念，环境对人的影响，环境污染的治理等；生态学方面的生物圈、食物链、生态平衡以及人在生态系统中的影响等。只有从自然科学知识层面认识到人与环境、资源乃至整个自然生态系统的关系，才能使人们从世界观、价值观的角度树立正确的生态文明理念。如前所述，从人文科学知识层面来看，科学生态观的树立，生态公民的培养离不开教育学、心理学、哲学、历史学等方面的知识。因此，生态文明教育的内容必然是多学科交叉的综合性知识。

（二）目的性原则

目的性原则是指生态文明教育的总体内容和每一项内容的实施，都必须有明确的目的。生态文明教育内容系统是由若干要素组成的，这些要素本身都应该有明确的目的。如资源环境现状教育要使教育对象对我国当前资源、环境、人口与社会经济发展的不协调形势产生认同感，并自觉地为保护环境和节约资源贡献力量；生态消费教育是要帮助教育对象树立正确的消费观，使其能够在日常生活中自觉履行适度消费的原则，以达到既能满足自身正当需求又不给生态环境带来额外压力的目标。在内容系统中，不应该存在没有明确目的的内容，因为这样的内容没有存在的意义，同时，这样也会使得整个内容系统繁杂。需要说明的是，虽然内容系统各组成要素均有自己明确的目的，但这不意味着内容系统有多个目的。所有生态文明教育的内容最终都要服务于培养具备科学生态观的现代生态公民这一目的。而各内容要素的具体目标均是这一教育目的的展开或具体化，都必须与这个目的相一致。

目的性原则要求生态文明教育者一定要正确把握教育内容系统的具体目标，使之与生态文明教育的最终目的一致。同时又要善于把内容系统的根本目标分解到各个要素上去，使每个要素的目标都能与具体的工作、生活紧密联系起来，与内容系统的目标构成一个协调一致的目标体系，从而使教育对象逐步实现各个层次的目标，最终实现生态文明教育系统的终极目标。

（三）层次性原则

层次性原则是指在构建生态文明教育内容体系时，要注意层次性；在进行生态文明教育时要根据不同的教育对象确定、实施不同的教育内容。生态文明教育内容系统由不同层次的要素构成，主要包括生态知识教育、生态技能教育、生态道德教育、生态法制教育、生态经济教育等内容，同时它们各自又由一些具体要素组成，这些具体要素有的又包括更小的要素。如生态知识教育包括生态环境基本常识教育、大众科普知识教育和专业技术教育等层次；生态经济教育包括低碳经济、循环经济和生态经济等方面的教育。这种体现生态文明教育内容及其要素领属关系、从属关系和相互作用的结构形式，就构成了生态文明教育内容系统的层次性。厘清生态文明教育内容系统的层次性，对于发挥内容系统的整体功能具有重要意义。在生态文明教育内容体系中，每个层次的要素都有从体系中分解出来的目标。即使是同一层次的要素，也既相互联系，又相互区别，各具功能。因此，进行生态文明教育，必须处理好各个内容要素之间的功能联系，确定好每项内容要实现的教育目标。只有这样生态文明教育内容系统的整体功能才能得到更好的发挥，生态文明教育才能收到更好的效果。

明确生态文明教育内容系统的层次性，有助于生态文明教育者针对不同教育对象采用不同层次的教育内容，把生态文明教育的针对性要求和广泛性要求结合起来，使不同层次教育对象的生态文明素质得到有效提高。人的生态文明素质的形成和发展是一个循序渐进的过程，生态文明教育内容也应该遵循从较低层次向较高层次发展的原则。因此，生态文明教育内容的遴选与确定要从实际出发，使教育内容的层次与教育对象的层次具有契合性，从而保证生态文明教育的内容发挥应有的作用。

二、生态文明教育内容的基本构成

结合上述生态文明教育内容的确定原则，当前中国生态文明教育的基本内容主要包括以下几个方面。而对于不同的教育对象群体其具体教育内容应该有所侧重。

（一）生态知识教育

对社会成员开展生态文明教育，首先要对其普及生态环境、物质能量流动、人口资源等方面的基本知识教育。由于文化层次的不同，许多人对于生态、环境、生态平衡与生态危机等方面的知识知之甚少，特别是在一些生态理念落后地区，人们只关心自己的温饱和收入，而对于环境、资源、生态等问题关注不够。只有在普及生态环境基本知识的基础上，才能促使人们明白生态危机是人类的不当行为造成的恶果，若不能有效遏制将会断送人类的未来；而有效维护生态平衡才是人类文明发展与社会进步的基本保障，其中人的行为方式在维护生态平衡的过程中起着关键作用。人们只有顺应自然、尊重自然才能在与自然和谐相处的过程中实现自身利益和经济社会的长期繁荣发展。有了相关知识背景，人们才能够比较容易地接受生态文明理念，从而做到节约资源、保护环境，否则，生态文明教育很可能是对牛弹琴，效果甚微。

具体来说，生态文明知识主要包括以下两大方面：一方面是自然生态与资源环境方面的基本常识，如生态、资源、环境的概念，生态系统、生态平衡、生态危机、生物多样性等知识；另一方面是维护生态平衡的基本规律，主要包括以下六个方面：其一是生物圈的相互依存和相互制约规律；其二是相互适应与补偿的协同进化规律；其三是物质输入和输出动态平衡规律；其四是物质循环与再生规律；其五是环境资源的有效极限规律；其六是自然生态系统与社会生态系统协调发展规律。认识生态平衡的基本规律是人类尊重自然，自觉与大自然为伴，确立人与自然共生共荣和谐发展的基本要求，是确立生态文明价值观的知识基础。

（二）生态现状教育

生态现状教育是激发社会成员对生态环境问题的危机感，树立对国家、民族生态安全责任意识的必要前提。心理学认为，只有对问题现状有深刻的认识，才能对问题可能导致的负面后果产生危机感，进而激发其解决问题的责任感和使命感。而人们一旦产生危机感和责任感，就会主动去关注这一问题，从而调动人们解决问题的主动性、积极性和创造性。在开展生态环境现状教育的过程中，只要把中国当前的生态环境现状讲得比较全面，把道理讲清讲透，不但不会使人们产生悲观情绪，更有利于激发人们投入生态文明建设的积极性。从生态文明搞得好的国家或城市来看，都离不开社会成员对生态环境现状的深刻认识。所以在全社会开展生态环境现状教育是生态文明教育的基本要求和基本内容。

对社会成员开展生态文明教育时，应该让受教育者了解当前生态环境的现状，包括人口数量、生态破坏、温室效应、资源枯竭等带来的各种生态危机，还有我国的灰霾天气、水体污染、生物多样性减少等现象。当然对不同的教育对象群体进行现状教育也应该各有侧重，如对农民应该侧重于水污染和化肥农药污染方面；对领导干部则应该从整体上突出中国人口与社会经济发展之间的种种矛盾现状；对企业经营管理者则应该强调当前中国资源利用与环境污染等方面的严峻形势；而对于学生群体则应该根据不同的年龄段进行全面教育。

（三）生态消费教育

所谓生态消费，实际上指的是一种既能适应物质生产和生态生产的发展水平，又能在满足消费者需求的同时不对社会环境和生态环境造成威胁的绿色消费行为。可以说，它是一种全新的消费理念，其主要意义在于通过倡导健康文明的生活方式节约资源、保护环境。正是基于人与生态环境应该协调发展这一基础，生态消费观提倡消费者选择科学理性的生活消费方式，积极践行国家倡导的适度消费、低碳消费、绿色消费等科学消费理念，培育健康积极的消费心理。需要指出的是，生态消费在全社会的普及能够带动生产模式的变革，对产业经济结构的优化升级具有积极的促进作用。当生产领域不再生产高耗能、高污染的产品时，低碳消费、绿色消费也就从客观上形成了。具体来说生态消费包括三个方面含义：一是倡导消费者在消费时选择未被污染或有助于公众健康的绿色产品；二是在消费过程中注重对垃圾的处置，不造成环境污染；三是引导消费者转变消费观念，崇尚自然、追求健康，在追求生活舒适的同时，注重环保、节约资源和能源，实现可持续消费。

可以说，消费关系到每一个社会成员，我们每天都在吃穿住行等方面进行不同层次的消费，健康科学的消费观念对于社会经济的发展和资源环境压力的缓解具有重要影响。然而，当前社会中不少人摆阔气、讲排场，吃山珍海味、穿名牌等；也有许多人虚荣心强，爱攀比，特别是青年人比手机、拼豪车；还有些人贪图享受，只要自己乐意，挥金如土、穷尽己欲。上述种种不良消费行为不仅浪费资源、破坏社会风气，而且给社会环境和生态系统造成巨大压力。鉴于此，需要在全社会大力开展生态消费教育，大力提倡适度消费、绿色消费，从而给生态环境和社会资源减压，以促进社会经济的可持续发展。

（四）生态道德教育

德育在中国整个教育内容体系中居于首要地位，同样，生态道德教育也是生态文明教育的重要内容之一，在整个生态文明教育内容体系中处于核心地位。生态道德教育就是把人与自然万物的关系上升到道德高度，进而把这一理念向广大社会成员普及的教育。具体来说，生态道德教育是指一定的社会或阶级，为了使人们在实践活动中遵循生态道德行为的基本原则和规范，自觉地履行维护生态平衡的义务，有组织、有计划地对人们施加系统的生态道德影响，使生态道德要求转化为人们的生态道德品质的实践活动。生态道德教育，对于培养人们正确的生态道德意识，养成良好的生态道德行为习惯，维护人类生存发展的正常环境，具有重要的理论价值和现实意义。

生态道德教育在全社会的广泛开展，需要引导广大社会成员树立正确的生态道德观。生态道德观具体包括有关人与自然方面的伦理观、价值观、哲学观、绿色科技观以及社会发展观等，其主旨是在谋求人类发展的基础上，促进人与自然的统一、协调与平衡，使社会发展与自然环境相互适应。生态道德教育的主要任务就是把社会倡导的生态道德转化为个体思想品德的一部分。为此应该在全社会认真落实生态文明伦理观、价值观和哲学观等方面的教育。通过教育使广大社会成员以发展的眼光看待人类社会的未来，以全球视野和长远利益分析人与自然的对立统一关系，使人们在学习与实践中明确人类在宇宙中的地位，引导公众以平等公正的态度对待自然及其他生物，树立起"我为自然、自然为我"的互利发展理念。总之，广大社会成员生态文明素质的提高和生态文明行为的养成，需要生态道德的感化和践履，只有通过教育等方式使公众树立正确的生态道德观念，才能有效促进人们生态文明行为习惯的养成。

（五）生态法制教育

为了保护自然资源和生态环境，除了要对人进行生态科学知识和生态道德等方面的教育外，还必须实施生态法制教育。生态法制教育是指为了提高公众的生态意识，调节和规范人与自然的关系，使社会公众自觉地保护和善待自然，防治环境污染和其他公害，以保证经济社会的可持续发展而进行的各种法律、法规教育的总称。通过生态法制教育，可以使人们了解和掌握生态环境与资源保护等方面的法律法规，从而提高社会公众的环境意识，增强人们的生态法制观念。生态法制教育还可以使人们熟悉环境污染防治法、自然资源保护法、国际环境法以及各类法规之间的相互关系，进而提高人们运用法律武器保护自我生态环境权的能力。

具体来说，对社会成员开展生态法制教育要根据对象群体的特点和教育条件开展以下方面的教育：首先，对公众普及环境权方面的教育，环境权作为一项新的人权，是伴随着环境危机而产生的新概念，是公民享有在不被污染和破坏的环境中生存和利用环境资源的权利；它包括两方面的内容：环境生存权和环境利用权。其次，对社会成员普及生态环境方面的法律法规，主要包括《中华人民共和国环境保护法》《大气污染防治法》《水土保持法》《野生动物保护法》《矿产资源法》和《21世纪议程》《生物多样性公约》《京都议定书》《世界自然宪章》等国际公约。最后，向公民强调个人应负的法律责任，即让人们明白在个人违反生态环境与资源保护等方面的法律法规，造成环境污染和生态破坏时，依据相关规定要承担相应的法律后果。

（六）生态经济教育

生态的失衡、环境的污染和资源的枯竭在很大程度是由于人类的经济发展方式粗放，生产技术落后，重经济增长而轻环境保护等原因所致。因此，转变传统经济增长方式，大力发展生态经济是建设生态文明，实现和谐发展的必由之路。显然，对全体社会成员特别是领导层和企业管理者，加强生态经济方面的宣传与教育对于经济发展方式的转变和节约环保生活习惯的养成具有重要意义。生态经济是把经济社会发展和生态环境保护及建设有机结合起来，使之互相促进的一种新型经济发展方式。它强调生态资本在经济建设中的投入效益，生态环境既是经济活动的载体，又是重要的生产要素，建设和保护生态环境也是发展生产力。生态经济强调生态建设和生态利用并重，在利用时兼顾环境保护，力求经济社会发展与生态建设及保护在发展中达到动态平衡，以实现人与自然的和谐发展。

近年来，低碳经济、循环经济和生态经济等多次在党和国家的政策文件及领导人的讲话中出现，这充分表明国家领导层已经认识到了发展绿色经济、生态经济的重要性，认识到实现国家经济发展方式的生态化转型是建设美丽中国的关键。然而，生态经济在整个社会的发展壮大有必要通过教育宣传向社会公众普及关于"什么是生态经济"以及"为什么要发展生态经济"等基本概念与常识。因此，生态经济教育是面向社会成员，特别是对各级领导干部和企业经营管理者，实施生态文明教育的重要内容之一，只有通过宣传教育、培训学习等手段使人们接受生态经济、循环经济、低碳经济等科学发展理念，并能在实践中切实转变各种非生态的发展方式，实现经济发展方式的生态化转型，才能使中国生态文明建设迈向飞速发展的快车道。

（七）生态政治教育

所谓生态政治教育主要是对国家各级党政领导干部开展的生态文明培训教育，目的是把生态文明理念切实贯彻到治国理政的具体实践活动中。领导干部的指导思想与发展理念在很大程度上决定了一个地区乃至一个国家的发展方向与发展水平。从政治与经济的关系来看，政治对于一个国家的经济发展具有巨大的反作用，政治理念影响、制约着经济的发展。因此，对国家各级领导干部积极开展生态文明教育培训，把生态文明理念融入各级政府的行政行为中具有重大意义。

生态政治教育内容的落实要注意以下几点：首先，加强各级地方政府的生态意识教育，明确其在自己治理区域内的生态责任，包括对自然的责任意识、对市场的生态责任意识和对所辖区域内公众的生态责任意识。其次，加强各级政府领导人的生态政绩观教育，一方面，要树立先进科学的政绩观，摒弃 GDP 至上的政绩观念；另一方面，要确立环境价值观念，明确环境价值在经济发展中的成本。最后，加强各级政府的生态文明行为教育，其中，实现政府行为的生态化是生态文明行为塑造的关键，要切实推行政府决策行为、执行行为和施政考核等方面的生态化倾向。

除了上述生态文明教育的基本内容外，还有生态文明技能教育、生态文明审美教育、生态文化教育和生态哲学教育等。但从目前来看，中国生态文明教育急需普及实施的是上述各方面的内容。需要指出的是，对于不同的教育对象在选择教育内容时应该各有侧重，如对于文化知识水平较低的农民和中小学生应该突出生态文明基础知识和现状教育；对于企业管理人员及普通工人则应该注重生态经济与生态法制教育；对于领导干部则需要强调生态政治理念的灌输与普及。

第五章　生态文明教育体制机制建构与实施原则

第一节　生态文明教育的体制建构

《现代汉语词典》对"体制"的解释有两种含义：一是指国家机关、企业、事业单位等的组织制度，如学校体制、领导体制等；二是指文体的格局，体裁。《辞海》对"体制"的解释是，指国家机关、企事业单位在机构设置、领导隶属关系和管理权限划分等方面的体系、制度、方法、形式等的总称。概括讲体制是指国家机关、企事业单位在机构设置、隶属关系和权利划分等方面的体系、制度、方法、形式等的总称，是管理经济、政治、文化等社会生活方面事务的规范体系。例如国家的领导体制、政治体制、经济体制、教育体制、科技体制等。体制通常又指体制制度，是制度形之于外的具体表现和实施形式，一种制度可以通过不同的体制表现出来。先进的体制可以促进经济社会发展，落后的体制将会阻碍经济社会的发展。所谓教育体制就是指教育事业的机构设置和管理权限划分方面的制度。具体来说，教育体制主要是指教育内部的领导制度、组织机构、职责范围及其相互关系，教育事业管理权限划分，人员的任用和对教育事业发展的规划与实施，教育结构各部分的比例关系和组合方式。根据上述认识，生态文明教育体制，就是关于生态文明教育事业的机构设置、隶属关系、职责权益划分的体系和制度的总称。

关于教育体制的系统建构涉及的内容广泛，关系复杂，本文主要侧重于从生态文明教育自上而下的实施方面对其进行体制建构。具体来说，生态文明教育要以党和政府为主导，负责整体制定生态文明教育的政策与方针；以企业单位为主要教育阵地，对领导干部、企业负责人和青年学生等重点对象进行教育，特别是要发挥学校教育的主渠道作用；以个体公民为立足点，通过提高个体公民的生态文明素质夯实生态文明教育的基础；以非政府生态环保组织为助力，充分发挥其在社会教育中的宣传推动作用。

需要指出的是，我们建构的生态文明教育体制并不是独立于国家整体教育体系之外的一个独立体系，而是新时期、新阶段我国教育体系中一个与时俱进的组成部分，是对整体教育体系的丰富与完善。生态文明教育体制的建构不仅是国家整体教育体系自身完善与发展的时代要求，更是在全社会普及生态文明理念，提高公民生态文明素质的迫切需要。

一、宏观：以政府为主导，构建整体教育方案

生态文明教育是一项由政府主导的全民性公益教育活动。在生态文明教育的实施过程中，政府负责国家相关政策、法规的制定与执行，国家教育资金、资源的投入与分配，师资队伍与基础设施等方面的建设。如果说公民是我国生态文明教育的主要对象，企业单位是我国生态文明教育的关键领域，那么，政府就是国家生态文明教育的主导力量。

（一）政府在生态文明教育中的角色定位

第一，政府是我国生态文明教育政策、规划的制定者和实施者。生态文明教育是一项社会性的系统工程，涉及政治、经济、文化等社会发展的各个层面，表现出强烈的公共性、整体性和长远性，政府具有其他组织与个人无法比拟的公共性，应该对生态文明教育制定长期的规划和连续的政策，并将其付诸实施。政府可以利用各种政策手段，比如市场调控、政府经营、政府管制和政府补助等，以此来协调社会主体的利益关系并且通过行政的方式制订教育培养计划，并逐级下达到各基层单位和部门，以确保生态文明教育在全社会顺利开展。

第二，政府是生态文明教育的投资主体。生态文明教育具有很强的公共产品性，这就决定了很难用市场机制来配置资源。同时，生态文明教育是一个长期的过程，从个人的成长历程来看，每个人都要接受来自家庭教育、学校教育（基础教育、中等教育、高等教育）和社会教育等方面的生态文明教育。可见，生态文明教育应该是伴随人一生的终身教育。因此，生态文明教育投资的周期很长，投资的成本较大，而且在短时间内教育效果也不一定理想，这就决定了政府必须在此过程中发挥主要投资者的角色。从社会发展的角度来看，生态文明教育是关系国计民生的大事，是关系到社会可持续发展的长远大计，也是关系人类文明发展的重大工程。因此，政府作为生态文明教育的投资主体，要避免市场调控资源能力的局限性，在整个教育事业投资中，应该重点支持生态文明教育工程的建设与实施。国家及各级地方政府也应该设立生态文明教育专项基金，以为生态文明教育工作的顺利开展提供充足的资金来源。

第三，政府是制定与实施生态文明教育相关法律法规的主体。法律法规是实现国家职能的基本手段和重要工具。生态文明教育的顺利开展需要国家法律法规的保驾护航，需要在实践中严格依法办事。完善的法制能够在实践中为生态文明教育提供切实有效的法律保

障，但其前提是国家相关部门首先要建立、健全针对生态文明教育方面的法律法规，从而在实践中保证生态文明教育的顺利实施。不仅如此，在社会经济发展过程中常常会遇到眼前利益与长远利益、地方利益与全局利益、经济利益与生态利益等方面的冲突，国家相关职能部门必须严格执法，切实维护法律法规的权威性、严肃性，坚决抵制地方政府在涉及资源、环境及生态建设项目的审批、验收上把关不严，对破坏环境行为放任不究等违法违规行为。

第四，政府是我国生态文明教育的国际合作主体。环境和发展，是当今世界各国普遍关注的两大问题，创造更为美好的生存和发展环境是全人类的共同责任，我国政府积极参与制订了多项国际公约和行动计划，如《世界文化和自然遗产保护公约》《濒危野生动植物物种国际贸易公约》《气候变化框架公约》《保护臭氧层维也纳公约》《森林原则声明》《生物多样性公约》《21 世纪议程》《里约环境与发展宣言》等。同时，各国政府也都认识到国家公民在生态文明建设中的重要作用，并且将对社会成员的生态文明教育作为一项重要的任务。然而，由于世界生态文明教育总体上尚处于探索阶段，因此，包括中国在内的世界各国政府需要加强交流与合作，促进各国公民生态文明素质的提高，共同面对生态危机，创造人类美好的明天。

（二）政府对宏观教育方案的建构

针对当前我国生态文明教育的现状，政府从总体上应该在以下几个方面作出努力，以发挥其主导作用。

1. 对生态文明教育进行制度顶层设计

"顶层设计"原是一个系统工程学的概念。这一概念强调的是一项工程"整体理念"的具体化，就是运用系统论的方法，从全局的角度，对某项任务或者某个项目的各方面、各层次、各要素进行统筹规划，以集中有效资源，高效快捷地实现目标。这里的顶层设计是指国家面对改革发展中的重大问题时，从整体上统筹规划，明确方向；从战略上、步骤上为上述问题提出解决方案，统筹考虑项目各层次和各要素，追根溯源，统揽全局；在最高层次上寻求问题的解决之道，近年来，顶层设计成为政府统筹内外政策和制定国家发展战略的重要策略方针。

所谓生态文明教育制度的顶层设计，实际上就是政府对我国当前以及未来生态文明教育的整体规划，也就是从人民群众的现实利益出发，站在国家的层面，对生态文明教育的实施提出整体思路和框架，以此作为规范各类具体政策的标准和依据，从而最大限度地化解生态危机，减小资源与环境的压力，确保生态文明建设的顺利推进。具体来说，生态文明教育的制度顶层设计要完善生态文明教育的管理体制与运行机制，划定教育、宣传与环保等部门的职责范围，成立诸如生态文明教育委员会的专门机构，明确生态文明教育的目标与方向，为生态文明教育的实施提供法制保障、资金保障与队伍保障等。

2. 把生态文明教育纳入国家教育体系

随着人们对生态环境问题认识的深化，作为生态文明建设的基础工程，生态文明教育逐渐被人们重视起来。但是思想上的重视到行动的付出还有一定的距离。虽然生态文明教育开始被人们重视，但是由于国家尚未把其真正纳入国家教育体系，加之人们对于生态文明教育的内涵及其重要性还缺乏认识，尤其是很多人把生态文明教育与环境教育混为一谈。所以，生态文明教育尽管在人们的思想认识上越来越重要，但在具体实践层面还任重道远。鉴于此，国家亟须把生态文明教育纳入我国学校教育体系，给其应有的"名分"。从中小学的义务教育到各大院校的高等教育均需开设有关生态文明教育的公共课程，对学生普及生态文明知识，引导其树立正确的生态价值观，把生态文明教育作为素质教育的重要方面纳入国家教育的各层次、各阶段。在普及生态文明公共教育的同时，还必须加强生态文明专业教育，在中、高等职业院校和具有生态环境相关专业的大学开设生态文明教育专业课程，特别是要在师范院校重点培养普及生态文明教育的专业人才。此外，在职业教育与成人教育中也要开设相关课程，把生态文明教育作为一项重要内容编入教学与考核计划中。总之，从社会成员受教育的阶段上看，要把生态文明教育贯穿于初等教育、中等教育、高等教育、继续教育的各个层次之中；从教育的内容层次上看，要把生态文明教育融入公共教育与专业教育的各个方面；从教育空间上看，要把生态文明教育覆盖到家庭教育、学校教育和社会教育的每一个角落。只有把生态文明教育真正纳入国家教育体系和社会各层面的教育中，落实到具体的教学实践中，才能使其在全社会得到足够的重视并充分发挥其应有的作用。

3. 积极开展生态文明教育的理论研究

没有理论的实践是盲目的，没有实践的理论是空洞的。实践活动要想达到预期的目的必须有正确的理论指导。生态文明教育作为一项实践活动，也只有在科学有效的理论指导下才能沿着正确的方向前进，从而实现培养生态公民的教育目的。但是脱胎于环境教育与可持续发展教育的生态文明教育，目前并没有成熟的指导理论。鉴于我国生态文明教育理论研究的不足与现实对这方面理论需求的迫切性，国家应该积极组织相关专家研究生态文明教育的体制、机制建构，从总体上部署生态文明教育的实施方案。同时，鼓励各生态环境研究院所、生态文明研究中心和全国各高校等科研单位大力开展有关生态文明教育内容、方法、原则、途径等方面的理论研究。力争在最短的时间内出台一套较为完善的生态文明教育实施方案，为生态文明教育在全社会的有效实施提供科学的理论支撑。

二、中观：以企业为重点，抓好教育关键领域

在社会经济发展进程中，物质财富的主要创造者是企业。企业生产的原材料大都来源于自然界，其生产加工过程也是在自然环境中进行，最终生产的产品在消费者利用之后还要再次回归自然。在这一循环过程中，任何一个环节都有可能对资源和环境造成不同程度的浪费和破坏。因此不可否认，作为市场经济的微观主体，各级各类企业是自然资源的主要消耗者，也是环境污染的主要制造者，要改变环境恶化趋势，就必须通过改变企业传统的生产经营管理模式，开展生态化建设，使企业的全部生产经营活动朝低消耗、低污染、高附加值的方向发展，从而使企业行为既满足消费者需要，又满足环境保护的要求，发展以实现经济效益和生态效益最优化为目标的企业经营模式。

企业是生态文明建设中最为重要的主体，企业的生产经营方式对资源、环境乃至整个生态系统具有至关重要的影响，所以，大力开展企业生态文明教育，切实提高广大员工及企业管理人员的生态文明素质意义重大，特别是通过宣传教育提高企业经营管理者的生态文明素质，使其发展理念向生态化转型显得尤为重要。所以，各级各类企业单位是生态文明教育的重点领域，企业经营管理者及广大企业员工是生态文明教育的重要对象。推动经济发展和社会进步的主要力量是国家的各种企业，而这些部门的发展理念与发展方式对资源、环境及生态系统等方面的影响也最为明显。因此，在全社会开展生态文明教育，重点要抓好各级各类企业单位的教育宣传工作，形成教育的关键领域。

首先，要大力提高各级各类企业经营管理者的生态文明素质。在企业实现清洁生产、绿色发展、低碳发展的过程中，企业的经营管理者起着决定性作用。企业领导层的指导思想与发展理念在很大程度上决定了企业的发展方向及其社会价值取向。企业生存与发展的目的就是在满足社会需要的基础上实现利润的最大化，从长远发展来看，一个企业在追求经济效益与社会效益的同时更需要注重环境效益与生态效益。因为如果保障人们生存最基本的资源环境岌岌可危，就谈不上企业的发展和利益的实现。所以，大力提高各级各类企业经营管理者的生态文明素质，尤其是对其开展循环经济、低碳经济与绿色经济等方面的宣传教育是企业生态文明教育的重要任务。具体来说，教育主管部门要将企业负责人的生态文明教育纳入重点教育与日常化教育范围之中。同时，教育、环保与企业管理行政部门要联合行动，定期对各级各类企业经营管理者开展生态文明知识讲座与培训，制定相应的考核标准。此外，在全社会树立生态文明企业家典型，大力提倡广大企业领导向生态文明

模范企业家看齐，使其在提高自身生态文明素质的同时把可持续发展理念融入自身企业发展之中。在对企业领导层进行生态文明教育培训的过程中，还可以鼓励他们加强自我教育、自我学习，通过环境熏陶和自我学习深化他们对经济发展与环境保护关系的认识，从而提高其自身的生态文明素质。

其次，切实把生态文明理念融入企业文化之中。企业文化是一个企业全体成员共同遵循的价值观念、职业道德、行为规范和准则的总和。企业文化对企业的发展发挥着越来越重要的作用。企业本质上是社会的，它深深地扎根于特定的文化规范和价值观念之中。企业文化规定着企业的思维方式、价值观念及整个价值取向，从而决定了企业的发展方式。而生态文化是以谋求人与自然和谐共生，以生态价值观为核心，和谐发展为行为导向的文化。在推进企业生态文明教育的过程中要把生态文化融入企业文化中，形成生态化的价值理念、经营目标、企业精神，使之成为企业文化的重要组成部分。具体来说，培育企业的生态文化，第一，要树立生态化的价值导向，因为生态价值观是企业生态文化的核心，是企业对自己行为的价值选择和价值追求。第二，要通过明确管理者的生态责任意识、舆论宣传和规章制度等方式实现企业管理理念的生态化转向。第三，通过营造生态文化氛围、美化企业环境，熏陶企业员工的生态意识和生态责任。第四，还要建立企业的生态价值体系，实行企业环境行为公开制度，形成企业生态文明观，促进企业的生态化转型发展。通过生态文明企业文化的培育，使企业员工充分认识到节约资源、保护环境的重要性，把节能环保、绿色低碳等企业文化理念融入每一个员工的思想意识，使生态文化成为企业生态文明教育的核心和灵魂，成为企业生态文明教育的思想基础。

最后，定期向企业员工提供生态文明学习与实践的机会。建立企业生态文明的教育与培训制度，将生态文明教育纳入员工教育培训计划。制定企业生态文明教育实施规划，开展企业生态文明的学习培训和清洁生产岗位培训，努力提高职工绿色生产的意识和技能，并结合实际做好管理人员、环境保护设施运行管理人员和其他员工的生态文明教育。可结合企业的日常运作，将教育与实践相结合，对清洁生产、循环经济等有关法律、政策及相关流程、业务技能知识等内容进行系统、全面的讲解，以增强教育效果。同时，建立企业生态文明教育考核制度和清洁生产责任制度，规定考核细则，成立生态文明教育考核领导办公室，按照逐级负责、分层管理的原则，实行企业生态文明教育和清洁生产的领导责任制，做到层层负责、责任到人。此外，各企业要根据适用于本企业的生态文明法律法规、政策和国家标准，对企业全员开展普法教育，在制定企业发展方针时首先要遵守国家法律法规及相关要求。企业可将相关法律法规通过宣传栏、定期讲座、文件发布会、职工培训等形式宣传给每一位员工。可采用正反典型案例进行示范和警示教育，让企业全体员工充分认识到节约资源、保护环境的重要性，培养他们的生态责任感，提高其生态文明意识。只有通过规章制度、宣传教育等方式对企业员工灌输节约资源、保护环境等生态文明知识与理念，才能使其在生产实践中自觉履行节能与环保的义务，从而实现企业的清洁化生产与生态化发展。

三、微观：以个人为基点，实现教育全覆盖

社会个体生态文明素质的提高是国家整体生态文明素质提高的基础。在全社会开展生态文明教育，不管是家庭生态文明教育、学校生态文明教育还是社会生态文明教育归根结底是提高个体公民的生态文明素质，使其逐步树立生态文明理念，最终能够在生产生活中自觉养成绿色、环保、生态的行为习惯。生态文明教育是针对全民的终身教育，通过实施这一教育，每个公民的生态文明素质均得以提高，那么，整个社会的综合素质也就相应提高。

从人的个体生存发展来看，社会的发展、文明的进步最终是通过人自身的发展，特别是人的素质和能力的发展来实现。马克思曾指出："全部人类历史的第一个前提无疑是有生命的个人的存在。""人们的社会历史始终只是他们的个体发展的历史"。当前我国环境污染严重、资源约束趋紧、生态系统退化加剧的形势，已经威胁到人的生存与发展，为了扭转生态矛盾加剧的颓势，实现社会个体的发展乃至整个人类的发展，教育特别是生态文明教育的实施迫在眉睫。只有通过生态文明教育，大力宣传生态环保知识，以提高个体社会成员的生态文明素质为立足点，夯实教育基础，才能使生态文明理念在全社会牢固树立。从这一意义上来说，加强与完善我国生态文明教育需要从以下几个方面开展工作。

首先，从个体公民生态文明素质现状出发制定合适的教育方案。如前所述，生态文明教育的对象是全体社会成员，从庞大的教育对象来看，在全社会开展生态文明教育的难度非常大然而，更重要的是个体公民由于知识水平、年龄特征、经济状况与文化背景的不同，其自身生态文明素质与实践能力差距较大，具有各自的特殊性。从年龄阶段看，中小学生、大学生、成年人和老年人各有特点；从地域角度来看，老少边穷地区、一般发展地区和相对发达地区公民的相关素质有所不同；从身份职业来看，领导干部、企业高管、工人、农民的生态文明素质各不相同；从文化背景来看，国外公民与本国公民的思维方式和生活习惯也有较大差别。因此，开展生态文明教育必须从个体公民的年龄、职业、文化程度等实际情况出发，根据其接受水平和现实需求制定教育目标、选择教育内容和方法。例如，对于中小学生个体来说，应该注重基础知识的灌输和良好生活习惯的养成，并能结合其日常生活，联系实际；而对于具备一定文化程度的成年人来说，主要应该让其明确我国

当前的生态环境现状、认识建设生态文明的重要性和必要性，从而促使其在生产生活中自觉践行生态文明理念。

其次，以个体公民的现实需要与自我发展为切入点开展教育。作为一项教育实践活动，必要的理论灌输不可缺少，但是灌输教育侧重于被动地接受，这种教育方式对于教育客体来说，缺乏理论学习与实践的主动性。事实证明，以个体公民的现实需要和自我发展要求为突破口，可以使生态文明教育取得良好的效果。因为但凡心智健全的社会个体，在满足衣食住行等基本需要的基础上都有自我发展和自我实现的需要，尽管这种需要的具体内容和层次各不相同。马斯洛的需求层次理论认为，人的需求层次从低到高分为：生理需求、安全需求、归属与爱的需求、尊重需求和自我实现的需求。这一理论充分说明人都有自我发展与自我实现的需要，生态文明教育若能结合不同公民的现实需要和人生追求来实施，就易于使受教育者对教育内容及教育理念的接受由被动走向主动，从而自觉学习生态文明知识，践行生态文明理念。例如对农民来说，自己的生态绿色农产品能在市场上卖个好价钱是其主要的价值目标，针对这一现实需求，对其进行生态农业、绿色食品与农业环境保护等方面的宣传教育就能起到良好的效果。而对于企业经营管理者来说，企业环保利润的最大化是其追求目标，立足这一现实需要可对其宣传可持续发展、生态经济、清洁生产等方面的知识与法律法规，使其充分认识到要实现企业利润最大化和长远发展只能发展循环经济、低碳经济、绿色经济，在实现经济利益的同时必须兼顾社会效益和环境效益、生态效益。

最后，对公民实现正规与非正规生态文明教育的自然对接。正规教育就是我们通常说的学校教育，这种教育是在获得相关教育部门认可的前提下，以学校为主的教育机构对受教育者提供的各种培养与训练活动，这些教育机构提供的培训一般都具有目的性、组织性和计划性，并且有专职人员负责相关内容的教授，其目的是对受教育者在身心发展方面起到积极的影响，学校对接受教育者规定了入学条件以及毕业标准，他们使用的教学大纲一般具有统一的标准，且具有连续性、制度化的特点。与正规教育对应的非正规教育，则是指我们在日常的生活中除正规教育机构对社会成员有意识地开展教育外，个体从家庭、邻居、图书馆、大众宣传媒介、工作娱乐场所等方面获取知识、思想、技能、信息和道德修养的过程，也叫作"非正式"教育。生态文明教育不仅是全民教育，而且是全程教育、终身教育，这就决定了有效实施生态文明教育不仅需要正规教育发挥主力作用，而且需要非正规教育的补充与配合。从公民的成长发展历程来看，在学校接受正规教育的时间毕竟有限，并且学校教育也有其自身的局限性，在很多方面需要与自我教育、家庭教育与社会教育自然对接，才能使正规教育的效果得到巩固和延续。此外，也并非所有人都有接受正规教育的机会，特别是经济发展落后地区的人们，对于他们来说，媒体宣传、环境熏陶、自我学习等非正规教育更加具有现实性。因此，从不同地区、不同情况的个体公民出发，实现生态文明正规教育与非正规教育的有机结合，力争让每一个社会成员无论在何时何地都能得到必要的教育或培训是提高生态文明教育实效性的基本任务。

四、横向：借助环保组织，提升教育影响力

民间生态环保组织是指在地方、国家或者国际上建立起来的非营利性的、自愿的、以保护生态环境为主要目的的非政府组织。生态环保民间组织是以生态环境保护为主旨，不以营利为目的，不具有行政权力，并为社会提供公益性服务的组织。生态环保民间组织的性质决定了它们不同于政府环保组织，也不同于以营利为目的的商业组织。它们通常是为了某些动植物保护、环境保护和生态平衡等特定目的而结成的具有某种公益主张的团体，它们不依赖于某一组织或受制于某一组织，是完全独立的环境法的主体。非营利性、公益性和独立性是生态环保民间组织不可或缺的三个条件。也正是基于此，生态环保民间组织在某些国家已成为"公信力"最高的组织。近年来，中国环保民间组织迅速发展，各种民间环保组织在引导公众环保行为、促进公众环保参与、提升公众环境意识、监督企业环境行为、环保政策制定与执行、开展环境维权与法律援助、促进环保国际交流与合作等诸多层面起到了积极作用。环保民间组织通过环境保护公益活动、出版书籍、发放宣传品、举办讲座、组织培训、加强媒体报道等方式进行环保宣传教育，为提高我国公民生态文明素质作出了重要贡献。②倡导保护环境、提高全社会的生态文明意识、开展环保宣传教育、推进公众参与生态文明建设、提升全民生态文明素质等是我国环保民间组织开展宣传教育活动的主要宗旨与目标。随着我国生态环保民间组织的发展与壮大，它们已经成为推动我国生态环保事业发展不可或缺的重要力量，发挥了连接政府和公众之间的桥梁和纽带作用。

然而，我们也应该清醒地认识到，虽然民间环保组织在保护生态、促进社会和谐发展等方面的作用越来越显著，但也存在不少亟须改进与解决的问题。所以进一步加强民间环保组织的引导与管理，充分发挥其在生态文明教育中的积极作用，需要采取以下措施。

首先，要明确民间生态环保组织的法律地位，为其提供有力的法律保障。多年来，民间环保组织一直处于自发、自愿、自组织的活动状态，在很大程度上缺少国家的政策支持与法律保护，尽管《国务院关于环境保护若干问题的决定》和《国务院关于落实科学发展观加强环境保护的决定》等文件中也提到要"发挥社会团体的作用"，但是发挥民间环保组织作用的前提是为其提供有力的法制保障，以促使其健康发展。不仅如此，不少地方

政府和企业为了政绩与利益，还极力打压、限制环保组织对其不良行为的曝光与宣传活动。直到国家生态环境部颁布《关于培育引导环保社会组织有序发展的指导意见》，对我国民间环保组织明确了"积极扶持，健康发展；加强沟通，深化合作；依法管理，规范引导"的指导原则，才使民间环保组织真正有了可以依靠的政策依据。但是这还远远不够，还需要进一步明确我国民间环保组织的法律地位，只有通过完善的法律规范将民间环保组织的性质、活动范围、活动方式等明确的规定出来，民间环保组织的地位才能得到确认，活动行为才更加规范有序，在社会中的公信力才更强，才能更好地组织和带领群众进行生态文明建设实践。

其次，鼓励地方政府与企业等为民间保护组织提供资金支持。《关于培育引导环保社会组织有序发展的指导意见》中基本原则第一条就是："积极扶持，加快发展。……为环保社会组织的生存发展和发挥作用提供空间……制定有利于扶持引导环保社会组织发展的配套措施。"这虽然为民间环保组织的发展提供了有力的政策支持，但是对大多数民间生态环保组织来说，制约它们发展的最大问题是资金来源。因为民间环保组织基本没有固定的经济来源，活动经费主要靠志愿者和个别企业的捐助。而目前公众的生态环保意识总体不高，志愿者数量有限，同时，企业经营管理者大多缺乏环保意识，即使个别企业为此捐助也多是借助这种方式为其宣传代言。国外民间环保组织之所以发展得好，在很大程度上是由于政府的大力支持和各种企业集团的长期资助。当然，各国的经济状况和环保意识不同，我们不可照搬他国模式，但是在这方面有不少值得我们借鉴的经验。因此，在中国要充分发挥各种生态环保组织的宣传教育作用，保障其健康发展需要积极鼓励各级政府特别是地方政府和各大企业为环保组织提供必要的经济援助。但这需要切实转变地方政府与企业经营管理者对民间环保组织的态度和看法，可以通过民间生态环保组织对节能环保、绿色低碳等理念的宣传来提高政府的公信力和企业的信誉度，因为生态经济、绿色发展是社会发展的必然趋势，是人们的共同期盼。以此来缓和某些地方政府与企业经营管理者同民间环保组织的关系。

最后，对民间环保组织加强政策引导与监督管理。任何社会组织开展活动，宣传自己的思想主张都要在国家政策法规许可的范围内，同时不能采取过激的行为方式。然而，国际上不乏以激进行为捍卫生态环境的事例。采取不当行为进行环保的事例在中国也存在，为此，我们必须加强对民间环保组织的引导与管理，充分发挥其积极作用而避免其消极影响。环保、民政部门应该加强引导、帮助和支持，及时掌握各民间环保组织的发展和活动动态，支持各民间环保组织开展环保宣传、维权等公益活动，积极向他们宣传政府部门的有关方针与政策，对发展中出现的问题要进行妥善处理和规范，对民间环保组织开展活动过程中遇到的重大问题、疑难问题、敏感问题，各地环保部门要及时掌握信息，加强引导。同时，注重对民间环保组织领导骨干和核心成员的培养，注意发现并培养热心环保公益事业又有一定社会影响力的社会人士加入民间环保组织，充分发挥他们的模范作用。此外，对于民间环保组织自身来说，应该主动加强与国际环保组织的交流与合作，积极学习他们开展生态环保活动的管理模式与先进经验，把适合我国国情的方式方法借鉴过来，从而促进我国民间生态环保组织的健康发展。

第二节　生态文明教育的运行机制

"机制"一词本来是属于机械学的概念，主要是机器运行的机理，也就是机器的各种零部件和内部结构在正常运转时的相互关系及工作原理。然而，"机制"一词的用法早已扩展到其他多个领域，比如在自然科学方面，机制被沿用到各类自然现象的作用原理以及各类事物的功能构造上；而在社会科学方面，机制则可以指社会经济、政治以及文化等元素之间相互影响、相互制约的关系原理。从"机制"这一概念的内涵与外延来看，它应该包含三个方面的含义：其一，机制由若干要素组成，这些要素具有不同的层次，既各成体系，又按一定的方式结合为一个整体；其二，组成机制的各要素的功能如何以及按何种方式把这些要素组合起来，决定着整个机制的功能；其三，机制中各构成要素功能的发挥总是在整个机制的运行过程中与其他要素相互作用而实现。因此，机制不仅包含特定活动对象的各个组成部分，还指各个部分在构成整体及整体正常运行过程中的相互关系，它是在某种活动对象各个部分有机构成的基础上，整体的运行状况及工作机理。

把"机制"这一概念引入生态文明教育的研究之中，就意味着不仅要从整体与部分的关系角度把握生态文明教育这一对象，而且要把生态文明教育看作是一个运行发展的过程。正像一台机器，要使机器运转起来首先需要各个零部件有机结合而构成一个整体，同时需要为其提供燃料动力，在机器运行过程中还要随时对其维护保修以使其保持良好的运行状态。同样，生态文明教育这样一个社会系统工程的正常运转也需要保障机制、动力机制、评价机制等方面的协调合作。总之，生态文明教育运行机制是指能够保障生态文明教育活动顺利开展并且不断完善的各构成要素之间的关系及运行机理，其中主要包括影响其运行的保障因素、动力因素、评价因素等。对于生态文明教育运行机制的研究，就是把生态文明教育过程作为一个有机整体，研究它为什么和怎么样在各组成要素的相互影响、相互作用、相互配合下运行，以及它与外部政治、经济、文化等社会系统是如何相互联系、相互促进的。

一、保障机制

生态文明教育是一项面向全民的系统工程，为了保证其顺利运行、健康发展，就必须建立保障其运行的多种机制。具体来说，主要包括法制保障、经济保障和队伍保障等。

（一）法制保障

生态文明教育的法制化是落实生态文明政策、贯彻生态文明理念的制度保障。目前中国还没有关于生态文明教育的专门法律，为此国家需要建立健全相关法律法规，尽快使生态文明教育走入法制化轨道。法律具有权威性、强制性等特点，建立健全相关法律法规不仅可以为生态文明教育的实施确立法律地位，而且更重要的是在实践中可以通过法律手段约束、惩处人们不履行节能环保责任的行为，为生态文明教育的健康发展提供法律保障。目前，我国在环境教育、可持续发展教育、生态文明教育、生物多样性教育、能源教育等方面的立法基本上处于空白状态，而当前中国生态文明教育之所以存在种种问题，实效性不高在很大程度上与相关法律法规的缺位不无关系，生态文明教育靠社会成员的主观自觉很难达到理想效果。同时，近年来，以空气、水和重金属污染为典型的环境问题时有发现，社会公共环境事件多发频发，涉及环境权利与义务，生态意识提高与维权等方面的立法呼声越来越高。因此，建立健全生态文明教育的法律体系不仅是解决环境群体性事件的现实需要，也是中国法制体系在新形势下自我完善的需要。

法律、法规是生态文明教育顺利实施的重要保障，建立健全生态文明教育相关的法律法规不但具有理论上的重要性，而且在现实中也非常必要。从当前中国生态文明教育的状况来看，相关法律法规的制定应该突出以下几个方面的内容：第一，提供生态文明教育经费的来源保障；第二，规定公民的权利义务以及合理的奖惩机制；第三，强化生态文明教育的体系化建设，建立家庭教育、学校教育与社会教育一体化的联动模式；第四，建立公众参与的激励机制；第五，建立生态文明教育多元监督机制；第六，为生态文明教育确立明确的理念与原则；第七，以提高素质、培养人才为核心，要求各个领域都要开展不同层次的生态文明教育。同时，在建立健全生态文明教育法律法规的前提下，要有法必依、执法必严、违法必究，在维护法律尊严的基础上充分发挥其应有的作用。

（二）经济保障

经济基础决定上层建筑，生态文明教育作为国家上层建筑的组成部分，它的实施同样需要经济基础作保障。任何社会活动包括政治活动、经济活动、文化艺术活动等，都需要一定的资金保障，生态文明教育也不例外。如果不考虑资金问题，没有必需的教育经费，生态文明教育实践就会难以推行。为此国家需要建立健全专项资金投入渠道，完善资金保障措施。按照分级负责，分级投入的原则，积极探索生态文明教育的资金投入机制，以保障生态文明教育工作的顺利开展。鉴于生态文明教育的全民性与公益性，政府必须在教育投资与基础设施建设上担当主体角色。因此，政府需要从整体上加大对生态文明教育的投资力度，应该把这项投资纳入公共财政预算体系并成为一项规范性的制度。各地政府也应通过政策扶持、资金补助等方式加快当地生态文明教育发展，特别要扶持学校生态文明教育优先发展。同时，充分调动企业对生态文明教育投资的积极性，使其认识到在投资生态文明教育事业发展的同时，可以实现自身的社会效益与生态效益，而良好的社会效益不仅可以转变为现实的经济效益，而且是企业一笔长期的无形资产。此外，通过舆论宣传与实践活动广泛吸纳社会人士的捐助资金，充分利用国际环保基金会等环保组织提供的援助也是生态文明教育资金筹集的重要来源。

资金保障是实施生态文明教育工程众多保障措施的重要一环，充足的资金保障，可以为生态文明教育在家庭、学校和社会中的顺利实施提供坚实的经济基础。如何合理而有效地完善生态文明教育的资金保障机制，建立生态文明教育的资金保障体系，是国家相关部门要周密部署的问题。其中，极为重要的一点是要积极争取各级政府对生态文明教育的政策和资金支持，依法足额提取和使用生态文明教育培训经费，鼓励企业积极向生态文明教育投资。通过以上方式，可以确保生态文明教育资金保障措施的建立和完善，从而推动各级各类生态文明教育的深入发展。

（三）队伍保障

对任何一种教育活动来说，教育者的水平在很大程度上决定了教育效果的优劣。由于生态文明教育的全程性与全民性特点，各级领导干部的生态文明意识水平在一定程度上也影响着生态文明教育的开展情况与教育效果。因此，造就具有广博的生态知识、开阔的生态视野和高尚的生态情怀的领导队伍和施教队伍是有效开展生态文明教育的重要保证。只有领导层自身能够深刻认识到生态文明的重要性，才能够重视和支持各单位各部门生态文明教育工作的开展。所以，领导干部需要定期接受生态文明教育培训，以提高自身的生态文明素质和相关领导能力。同时，施教队伍的建设是整个生态文明教育的基础，因为雄厚的师资不仅可以保障生态文明教育的顺利开展还可以大大提高生态文明教育的效果。既然各级领导干部和师资队伍的生态文明素质水平对生态文明教育的效果具有重要影响，那么，必须首先通过各种方式和途径提高各级领导干部和师资队伍的生态文明素质。

对于领导层的生态文明教育来说，首先，应该自上而下建立领导干部生态文明知识学习培训制度，分批次、分层次对各级领导干部定期进行相关知识与理念的宣传培训。其次，把领导干部的生态文明素质与生态文明政绩列入干部考核的范围之中，积极推行"逆生态发展"考核一票否决制。最后，通过媒体在全社会树立生态文明高素质干部标兵，为各级领导干部营造良好的学习舆论氛围，鼓励各级领导干部通过自我学习与向典型学习相结合的方式提高自身素质。加快生态文明教育施教队伍建设，需要制订《生态文明教育师资培训计划》，依据培训计划有步骤分批次开展师资建设。一方面，通过培训学习提高生态文明教育教师的综合素质。对教师培训要分批次、有重点地开展，可以先培训骨干教师，然后再通过骨干教师培训普通教师；在培训内容方面要把学习知识与灌输理念相结合，在向教师们进行生态科学、环境科学等基础知识传授的基础上，使其树立热爱自然、关心环境的生态价值观；建立健全生态文明教育资料库，把有关生态文明教育的影像资料、图书、调查数据等收集归类，供广大教师学习参考；有目的、有计划地组织接受培训的教师参观生态园、森林公园以及生态型企业公司，使其从实践中领悟人与自然的关系和人类应承担的生态道德责任。另一方面，尽可能壮大生态文明教育的教师队伍。如前所述，全体社会成员都是生态文明教育的对象，对全体社会成员开展生态文明教育需要的教师数量庞大，因此，要采取多种方式与渠道扩充教师队伍，特别是要充分发挥高校培养教师人才的优势，在高等教育中广泛开设生态学、生物学、环境教育学等方面的课程，尤其是在师范类院校要大力培养生态文明教育所需的教师人才。只有尽快建设一支数量庞大、素质较高的师资队伍，生态文明教育才能在全国范围内顺利开展。

二、动力机制

在社会科学领域，动力机制通常是指推动和促进事物运动、发展和变化的内外动力构造、功能和条件及其相互作用的机理。动力机制的稳定存在和作用发挥，可以使事物的运动、发展和变化从自发到自觉、从被动走向主动。如市场经济的动力机制指的就是推动市场优化配置资源以不断实现市场经济良性、协调发展的构造条件；民主政治的动力机制指的就是促进政治文明以及政治现代化的构造条件和功能；文化发展的动力机制指的就是促进具有中国特色社会主义文化形态健康发展、有效促进社会主义文化整合的各种构造条件和功能等。生态文明教育的动力机制就是驱使个人、企业单位和政府部门等主动学习生态知识，贯彻生态理念，自觉接受生态文明教育的各种条件与作用机理。

（一）个人利益驱动

通俗地说，利益即好处，是对主体有积极影响的相关事物。虽然从不同的角度可把利益分为不同的种类，同时，不同的人对利益的层次追求也有所差别，但是，从个体公民的生存与发展的角度来看，个人的基本利益主要包括物质利益和精神利益两方面。霍尔巴赫认为，利益是人的行为的唯一动力。马克思主义认为人的一切行为活动首先是为了利益，利益是一切社会关系的首先问题，对利益的追求形成人们的动机，成为推动人们活动的重要动因。因此，在生态文明教育过程中，要使个体公民主动践行生态文明理念，自觉养成节约资源与保护环境的习惯，从关系人们切身利益的物质层面与精神层面出发，把生态文明理念融入个人衣食住行以及价值追求的各个方面，将会大大提高生态文明教育的效果，会使社会成员出于涉及自身的某种利益而自觉爱护环境、节约资源，从而使生态文明理念与行为在全社会的普及由被动变为主动。通过涉及个人利益的方式驱使社会成员主动践行生态文明理念具有见效快、效率高的特点，同时，可以使广大公民在慢慢养成生态文明行为习惯的过程中逐渐明白这样做的原因，即使某些人始终不明白在生活中为什么要爱护环境、节约资源，但是在教育主体的种种利益刺激下，他们为了想要得到某种好处而在实际行动中做到了节能环保，这样，生态文明教育的目标在某种程度上已经达到了。

这里的利益驱动也就是通过物质与精神激励的方式，刺激教育对象主动接受生态文明理念，从而养成生态文明行为习惯。从家庭生态文明教育来看，家长可以对孩子"约法三章"，并据此对孩子的日常行为中有利于节能环保的方面进行适度的物质奖励与精神鼓励，以此强化其良好的生态文明行为，同时，要对其负面行为采取适当的惩罚。从学校生态文明教育来看，各级各类学校应该制定包括全校师生在内的生态文明行为传播与践行奖励措施，对于在教育教学中较好地将生态文明理念融入各科教学的教师要给予适当的物质奖励和荣誉称号，可以设立专项奖励基金和开展"校园生态文明教学名师"评选活动，以此激励全校教师对生态文明理念的传授与普及。对于在学习生活中主动传播与践行生态文明理念的学生个人，也应给予一定的物质奖励与精神鼓励，从而刺激、带动其他学生加入生态环保的行列。

总之，在实施生态文明教育的过程中，从关系个体社会成员的物质利益与精神利益出发，使其立足个人切身利益去认识环境、资源和生态平衡的重要性，更有利于其把生态文明理念外化为现实的行动，变被动接受为主动实践。

（二）企业效益驱动

作为国家经济社会发展中最活跃的细胞，企业一方面是推动经济社会发展和进步的主体力量；另一方面也是环境污染和资源耗费的重要责任方。数量庞大的大、中、小、微型企业，尤其是大型重工业企业是国家能源资源（如水、电、煤、油）的消耗主体，同时是工业废水、废气、废渣等污染源的主要排放者，可以说，各类企业的节能减排水平与发展理念在很大程度上决定了生态文明建设的成败。从目前状况来看，尽管越来越多的企业在向绿色化发展方向转型，但是还有不少企业，特别是众多的地方中小企业仍然在延续着传统的粗放型经济发展模式，高投入、高污染、高耗能、低产出的现状尚未根本改观，同时存在大量的重复性建设。造成这种状况的原因很多，但是很重要的一点是多数企业在发展中缺少生态化发展理念，过多地注重企业的经济效益而忽视了企业的社会效益和生态效益。从这一意义上来说，实现各类企业的生态化转型，推动企业绿色化发展，除了需要国家制定与实施相关的法律法规及各种金融财税政策的支持与配合外，还需要大力开展企业生态文明教育，提高企业经营管理者及企业员工的生态文明素质。因此，通过大力实施企业生态文明教育使各类企业在追求经济效益的同时将生态效益和社会效益融入企业发展理念中显得重要而迫切。

然而，由于各类企业经营管理者的素质参差不齐及许多企业对市场经济"逐利性"的片面理解等原因，靠企业自觉开展生态文明教育，贯彻生态文明理念，从而实现清洁生产和绿色发展的可能性较小。因此，国家可以通过涉及企业发展及员工利益的驱动机制，刺激企业领导者主动学习、贯彻生态发展理念，走绿色发展之路，这是使企业积极开展生态文明教育极为有效的手段。从个体企业发展来看，国家可以通过减免税收和提供无息贷款等财税政策扶持企业发展低碳经济、循环经济、绿色经济，鼓励企业进行清洁生产和绿色产品认证等。同时，对企业的原材料采购、生产过程和产品的市场准入进行能耗和环保指数评估，让消费者越来越广泛地认识并接受绿色产品而远离成本高、不环保的非绿色产品。在市场经济的激烈竞争压力下，高污染、高耗能企业必然会向绿色发展方向转型。从企业的经营管理者来看，国家可以建立企业负责人绿色考核制度，对各类企业特别是国有大中型企业及控股公司的主要负责人要进行生态文明素质年度考核，对于不达标者要向社会公布，多次不达标者责令其辞职。同时，国家可以倡导各类企业之间开展"生态企业家""绿色发展标兵"等年度评选活动，这样一方面激发了优秀企业管理者今后的发展干劲，同时也刺激了落后企业向生态化方向的转型升级。从企业员工来看，企业要积极鼓励员工进行节能减排技术的研发与创新，设立专项奖励基金，激励员工主动学习新技术、贯彻新理念。同时，对于有创意的生态化企业管理理念和普通员工的节水节电等行为习惯也要大力表彰、奖励，以促进企业节能环保发展氛围的形成。

总之，企业生态文明教育的效益驱动机制就是要通过各种方式使企业将经济效益、生态效益和社会效益有机结合，用较少的资源和环境容量创造较高的经济效益，从而使自然生态系统和社会生态系统处于良性运行状态。对任何一家企业来说，经济效益的本质是追求利润，社会效益的本质是维护人道，生态效益的本质是顺应天道（自然规律）。三者的统一和整合就是把利润的追求纳入护人道、顺天道的更高的价值目标之中。

（三）国家发展驱动

生态文明教育是一项由政府主导的社会系统工程，它关系到国家发展的公共利益、整体利益和长远利益。从根本上说，党和国家是生态文明教育最重要、最大的主体，必须发挥其对生态文明教育总体上的领导、组织、统筹等作用，并有效协调、干预生态文明教育的进程和效果；生态文明教育具有一定的跨区域性甚至跨国界性，政府的参与和主导，具有其他组织与个人都无法比拟的合法性。因此，需要充分发挥政府在生态文明教育中的主导作用。

从国家的角度建构生态文明教育的驱动机制主要是各级领导干部，特别是教育、环保与宣传等部门的领导干部要充分认识到开展生态教育的重要性与必要性，从而把生态理念、环保意识融入国家及地区的整体规划与发展战略中。对国家生态文明教育方案的制定者与整体策划者来说，可以从两个方面认识开展生态文明教育、提高全民生态文明素质的重要性。一方面，从国家繁荣与民族振兴的层面来看，党的十八大提出要建设美丽中国，推动中华民族的永续发展，这一目标的实现必须实现思维方式、生产方式与生活方式的生态化转变，要发展低碳经济、循环经济、生态经济，实现清洁生产与经济社会的可持续发展。而所有这一切的实现需要通过生态文明教育培养出适应时代需要的生态公民来完成。中国早就提出要把教育事业放在突出的战略位置，而在当前形势下应该把生态文明教育放在教育事业中优先发展的位置。因为国民生态文明素质的提高是实现中华民族伟大复兴的重要条件。另一方面，从国际社会来看，中国是目前世界上最大的发展中国家，人口众多，资源消耗量巨大，同时也是全球生态破坏与环境污染最严重的国家之一。为了在国际社会上树立负责任的大国形象，更是为了拯救地球和人类的未来，中国正在大力发展低碳经济、循环经济，积极履行节能减排的义务，事实上中国在经济社会发展的巨大压力下承担了比其他国家更多的减排任务。而上述原因正是推动我国自上而下开展生态文明教育、提高全民生态文明素质的外部驱动力量。总之，只有国家领导层及相关部门从民族振兴与国际影响等层面认识到了实现可持续发展需要培养较高生态文明素质的现代公民，才能有效推动生态文明教育的健康发展。

三、评价机制

（一）生态文明教育评价机制的内涵

《辞海》对"评价"的解释是：衡量人物或事物的价值，即对人物或事物作出的主观的"是好是坏"的价值判断。所谓评价是以对象的数量或者性质为基础对其开展价值评判的活动。评价包含事实判断与价值判断两个层面，事实判断就是对评价对象在数量、品质方面从客观上作出记述，这种评价要求客观公正，以事实为依据。与事实判断不同，价值判断不仅从客观方面对事物进行判断，而且要从事物对主观需要的满足程度上作出判断。不可否认，人们对同一个人物、同一件事物，可以作出完全不同甚至是截然相反的"价值判断"，我们这里所指的评价，是在人们的主观认识最大限度地符合客观现实的情况下，作出的价值判断。因而，这种价值判断，是比较客观的，比较一致的。评价的应用范围越来越广，特别是在教育教学方面，评价是教育活动的关键环节，对各级各类学校提高办学水平和人才培养质量发挥着重要的引导作用。评价标准、评价方式方法的变革能够更好地促进人才培养模式和办学体制机制的改革，推动教育质量的提升。

一般来说，教育评价就是根据一定的教育目的和标准，采取科学的态度和方法，对教育工作中的活动、人员、管理和条件的状态与绩效，进行质和量的价值判断，以促进教育的改进与发展。根据上述关于评价及教育评价的内涵，我们认为，生态文明教育评价就是按照生态文明教育的目标、性质、内容及原则，运用适当的方法，对所实施的教育活动的各要素、过程和效果进行价值评判，旨在判断教育过程及各要素实现教育目标的程度，最终为改进和提高生态文明教育成效提供依据。生态文明教育作为一项新兴的教育活动，其教育效果如何，有待于进行科学考评。这需要我们建立一套科学的生态文明教育评价指标体系，即要以生态文明教育目标为导向，反映生态文明教育工作绩效的标准和工作活动的结果，将抽象目标具体化。建立生态文明教育评价机制的关键，是保证评价指标体系的科学性与可行性。为此，要从多角度和全方位进行生态文明教育评价，既要从系统内部评估，也要从系统外部评估。同时，生态文明教育评价指标体系还必须反映生态文明教育的特点和规律，必须紧扣不同社会群体及其思想行为的特点。同时，要在科学评价的基础上，对生态文明教育工作做好宣传和总结，还要及时发掘生态文明教育工作中的典型案例，并对此进行积极宣传，从而扩大其影响力。

（二）生态文明教育评价机制的功能

生态文明教育评价是生态文明教育的一个重要环节，是整个生态文明教育过程的有机组成部分。生态文明教育通过评价活动，反馈效果，及时对生态文明教育进行有效的控制与调整，从而优化生态文明教育的实施过程。具体来说，生态文明教育评价机制的基本功能，主要表现在以下几个方面。

首先，生态文明教育评价机制具有导向功能。生态文明教育评价是以一定的目标、需要为准绳的价值判断过程。一方面，生态文明教育评价是对实现生态文明教育的社会价值作出判断，也就是说，生态文明教育必须满足社会发展的需要。因此，它在评估的过程中，将引导生态文明教育活动适应社会的发展需要，朝着社会发展需要的方向发展，以实现它的社会价值；另一方面，任何评价都要发挥"指挥棒"的作用，会有意或无意地影响评价对象的思想观念，评价的指标也对受评者的价值观念起着导向的作用。通过生态文明教育评价工作，有计划地引导受评者的生态文明理念沿着符合社会要求的方向发展，进而实现社会生态文明价值观的个体化。

其次，生态文明教育评价机制具有反馈功能。生态文明教育评价机制的另一个重要功能就是对这一教育开展的整体状况及教育效果能够进行反馈。反馈功能就是在生态文明教育开展的某一环节尤其是各个环节的连接点，通过评价机制把上一阶段的各教育要素和教育效果状况反馈给教育的组织者和实施者以及教育对象，从而使生态文明教育的相关主体根据反馈情况总结经验、改进不足，以利于下一阶段教育的高效开展。依据系统理论来说，生态文明教育是整个教育大系统中的一个子系统，而生态文明教育这一子系统中又包含各个层面的子系统。其中，科学有效的评价反馈是保障生态文明教育系统运转状态良好的重要因素，通过反馈上一环节的问题与成绩可以为下一环节系统的良性循环打下基础。从这一层面来讲，反馈是生态文明教育评价的最主要功能，没有反馈，也就没有评价。教育评价的意义和作用就在于，将其获得的信息向教育主体与客体作出反馈，用以调整、改进教育教学过程。

最后，生态文明教育评价机制具有调节功能。评价工作常被人们用来确定对现实教育目标的实现程度。生态文明教育是否达到了预期目标；提出的教育目标是否符合实际，是否具有实现的可能性；如果目标已经达到，是否还有向更高目标发展的潜力；或者原先制定的教育目标实现的可能性极小，甚至根本不可能实现，等等。在这些情况下，都需要我们对现实的教育目标作重新考虑和相应的调整。评价机制的调节功能促使我们对目标的实现程度有一个明确的、清晰的分析和估量，从而对生态文明教育原定目标作出适当的调节，以保证教育目标更加切合实际，更能通过努力顺利实现。

（三）生态文明教育的评价标准

生态文明教育的评价应该贯穿生态文明教育的全过程，它一方面可以对教师以及教育管理者的工作给出指导、作出评价；另一方面它也能对被教育者在生态文明教育学习过程中学得的知识、理念等状况给出客观的评价。但是，为了保证评价结果的科学性、客观性与有效性，对生态文明教育的实施环节及其成效进行评价，必须遵循一定的评价标准，具体来说，应该遵循以下标准。

第一，评价主体的多元化。生态文明教育的实施不但需要学校、教师和公民的积极投入，而且需要各级教育环保部门、民间环保组织、社区等多方社会力量的配合。为客观而全面地反映生态文明教育的过程和成效，这些参与社会生态文明教育工作的社会团体或个人都可以成为生态文明教育的评价主体。他们既可以作为生态文明教育的实施者从生态文明教育内部进行评价，又可以作为独立于教育机构的外部力量对各种形式的生态文明教育进行评价，还可以对各自在生态文明教育活动中的实际表现进行自我评价。

第二，评价内容的多元化。从教育对象的知行层面来看，生态文明教育评价不能只限于教育对象对知识的掌握与否，还应该看到他们是否掌握了必要的技能；是否把新的知识和技能转化为个人的实际行动。从生态文明教育的效果评价来看，既要注重知识和技能的评价，看受教育者是否掌握了应有的知识和技能，也要评价是否形成了正确的情感、态度和价值观，更重要的是看其是否把理论应用于实践，是否养成了节约与环保的良好生活习惯。既要观其言、更要察其行。如以树立正确的消费观这一教育内容为例，在知识和技能目标上要看受教育者是否掌握了常见的几种消费心理的利弊，是否掌握了超前消费、适度消费、理性消费、绿色消费等概念；在过程与方法目标上要看其通过对几种消费观念和消费心理的对比，鉴别和分析能力是否有所提高；在情感态度价值观目标上要考察其是否树立了节能环保和绿色消费的价值观念。只有坚持评价内容的多元化，才能更客观全面地反映生态文明教育效果的实际状况，为进一步改进教育策略提供科学的参照。

第三，评价方法的多元化。为了更加客观、真实地反映生态文明教育的开展情况和实际效果，在生态文明教育评价的过程中还应该坚持评价方法多样性的原则。从当前相关评价的方式方法来看，主要有主观评价与客观评价、定性评价与定量评价、绝对评价与相对评价、过程评价与结果评价等。在生态文明教育实际评价过程中应该综合运用多种评价方式，同时根据评价对象的实际情况采取适合的评价方式。例如对教育者施教情况进行评价，就应该从教师自身的自我评价和教育对象的客观评价出发进行综合评价；而对教育对象的学习接受情况进行评价则更应该侧重于教育过程评价与定性评价。但是，在实践中应用较多的是对教育效果的评价，即对生态文明教育的实施在何种程度上达到了教育目的的评价。应该说，效果评价也是生态文明教育最核心、最重要的评价方面。教育成效的呈现涉及多方面的制约因素，如地域差异、教育主体、教育客体、教育内容、教育方法等，因此，在实际操作时必须坚持定性评价与定量评价相结合、过程评价与结果评价相结合、绝对评价与相对评价相结合等多种评价方式综合运用的原则。

此外，为了切实提高生态文明教育评价的效果和质量，需要进一步完善生态文明教育评价的指标体系，只有评价指标科学、规范，才能使评价结果真实、客观。

第三节　生态文明教育的实施原则

所谓原则，一般情况下是指在一定时期人们在认识世界和改造世界的过程中所应遵循的基本准则。原则有守则、准则、规范、标准等涵义，而且是最基本的、人们必须遵守的。原则形式上是主观的，而内容则是客观的：它是对发展运动客观规律的主观认识成果，正确反映了事物本质和规律的必然要求。马克思说过：原则不是研究的出发点，而是它的最终结果；这些原则不是被应用于自然界和人类历史，而是从它们中抽象出来的；不是自然界和人类去适应原则，而是原则只有在符合自然界和历史的情况下才是正确的。这就是说，原则是对自然界和人类历史客观规律的正确反映，不能正确反映客观规律的、主观臆造的东西，是不能称其为原则的，人们按原则办事，就是遵循客观规律行事。

在日常生活中，"原则"的含义实际上有广义与狭义两种理解、两种用法：狭义的理解就是指思想、行为准则，是规律的具体化，是人们观察问题、处理问题的准绳；而广义的理解则既包含具体的准则，又包含抽象的规律。必须明确的是，生态文明教育原则，是在原则的本来意义上即狭义上来理解和使用的。生态文明教育的原则，就是在生态文明教育的实施过程中所必须遵循的最基本的要求和方法指导，它是根据人与自然关系的发展规律、生态科学的本质特征，以及教育的普遍规律和特殊性质而制定的准则；它既是生态文明教育的理论指导，又是生态文明教育实践取得成效的必然要求。生态文明教育的实施原则是理论见之于实践的中介，其宗旨是为了生态文明教育的开展有的放矢，更好地提升社会成员的生态文明素质。根据我国公民的整体生态文明素质、生态文明教育的现状以及社会发展的现实要求，生态文明教育在实施过程中应该遵循的原则除了第一章提到的教育对象的全员性、教育过程的终身性和教育内容的综合性等方面外，还应该遵循以下原则：施教主体的多元性、教育方式的多样性、教育实践的参与性和教育区域的差异性。

一、施教主体的多元性

振兴民族的希望在教育，振兴教育的希望在教师。对于新兴的生态文明教育来说尤为如此，以教师为主的施教队伍素质的高低将直接影响生态文明教育的成效。提高社会成员的生态文明素质与行为能力，不可能由"体制机制"自身自动实现，而是要通过各级领导干部和思想理论研究、宣传、教育工作者的工作来实现。因此，上述人员的生态文明水平、理论素养和道德修养状况，对于生态文明理念在全社会的牢固树立起着关键性作用。他们的环保理念和节约意识是否坚定，教育宣传理论功底是否深厚，生态道德水准是否高尚，生态行为意识是否强烈，对社会生态矛盾的把握是否客观、全面，等等，都直接制约着其宣传、教育内容的科学性与实践性，直接影响着教育对象对宣传、教育内容的信服度，直接影响着生态文明理念在人们心目中的地位。要强化生态文明价值观念在全社会的突出地位，首先要建设一支素质高、责任心强、规范化的生态文明教育施教队伍。

不可否认，对于任何一种有施教者参与的教育活动来说，高素质的施教队伍都是影响其成败的关键因素，但是作为一个新兴教育领域，生态文明教育又具有自身的特殊性。如前所述，生态文明教育具有教育对象的全民性、教育周期的终身性和教育内容的综合性等特点，因此，在强调教育者队伍专业化和职业化的同时，应该突出的是生态文明教育施教队伍的多元化。因为在全社会实施如此庞大的社会系统工程需要大量的教育与宣传工作者，而培养职业化、高素质的施教队伍在短期内很难实现。所以，在开展生态文明教育的初级阶段，有必要在推进施教队伍职业化的进程中强调施教主体的多元化。所谓施教主体的多元化是指在生态文明教育初期，为了减轻师资力量短缺的压力，鼓励各行各业（特别是教师和各级领导与宣传工作者）有志于生态文明建设事业的人在提高自身生态文明素质的同时从事生态文明教育工作。国家可以出台相关的扶持政策，鼓励教育能力较强、生态文明素质较好的人员从事生态文明教育的专职或兼职工作。当前我国生态文明教育的施教队伍力量十分薄弱，不仅需要专门从事生态文明教育的专职人才，更需要大批兼职教师从事普及基础知识和基本理念工作。目前大部分学校的生态文明教育课程是由兼职教师担任，而他们本身多数缺乏生态知识及相关的专业培训，只有少部分高校有专门从事生态文明研究的教师对学生进行生态文明教育，而幼儿园、中小学、技校、艺校，以及普通高校基本上没有生态教育专业教师从事这方面的教育。家庭教育与社会教育的施教主体素质更是参差不齐。

因此，在全社会有效开展生态文明教育需要大力开展施教队伍建设，在培养高素质的专业教育人才的同时，更需要多元化的师资力量投身于这一浩瀚的社会工程之中。只有在实施生态文明教育的初级阶段坚持教育者队伍的多元化，才能使生态文明教育尽快走向正轨，健康发展。

二、教育方式的多样性

生态文明教育对象的全民性与教育内容的综合性决定了在实施这一教育的过程中要采取不同的方式方法。从教育对象来说，全体社会成员都是生态文明教育的对象，即使是教育者，其身份也同时是受教育者，特别是其在成为教育者之前。在生态文明教育范围内的人口不仅数量庞大而且成分复杂，从不同的角度可以将其分为不同的群体，每个群体都有自身的特殊性。这就注定在实施教育的过程中，对于教育方式方法的选择和应用不能搞"一刀切"，必须针对各个群体的不同特点因地制宜、因材施教，精选切合实际的教育方式，以期达到理想的教育效果。从教育内容来看，生态与环境本身就是由各个领域的相关方面聚合而成的有机整体，它广泛涉及环境学、生态学、地理学、历史学、化学、生物学、物理学、伦理学、文化、艺术等方面。由此可见，生态环境问题是一项涉及面广、较为复杂的课题。尽管各个领域的侧重点有所不同，但是它们对于生态环境问题的解决、生态文明理念的传播都能发挥各自的作用。例如，大气污染的酸雨可以污染水体、土壤和生物；水体污染的影响往往可以波及包括人在内的整个生态系统。在这一过程中就涉及生态学、环境学、化学等领域的知识。同样，解决环境问题的方法和技能显然也是各个方面的综合，既有工程的、技术的措施，也有经济的、法律的措施，还有化学、物理学、生态学等手段。无论是培养受教育者的环保意识，还是加深他们对人与自然关系的理解，或培养其解决环境问题的技能和树立正确的生态价值观与态度，都有赖于教学过程对上述各个方面的综合把握与应用。因此，生态文明教育内容涉及领域的广泛性与复杂性注定在实施教育的过程中，施教者要根据教育内容的特点和层次采取多种方式方法。

生态文明教育方式的多样性原则要求除了综合运用传统教育的方式方法以外，还要根据生态文明教育本身的特点与性质，发掘多种切合时代要求又行之有效的教育方法，如实践参观法、网络教学法、实证调研法、情感熏陶法等。对于学校教育来说，除了充分利用"渗透式"① 与"单一式"② 两种传统的教育方式对学生灌输生态文明知识、培养生态文明理念外，更应该在教育、教学中采取寓教于乐、情景教学、户外体验、引导探索等新型方式，以调动学生学习的积极性与主动性，从而加深其对知识内容的掌握与理解。因为，如旱涝灾害、灰霾天气、气候异常等生态环境问题与我们每个人的日常生活息息相关，从教

---

① 所谓渗透式，就是将生态文明教育内容渗透到相关的学科及校内外的各种活动之中，化整为零地实现生态文明教育的目的和目标。

② 所谓单一式，即选取有关生态、环境等相关方面的基本概念、内容的论题，将它们合并为一体，发展成为一门独立的教育课程。

育对象的实际出发，让其联系自己的切身体验参与其中，才能使他们真正认识到问题的严重性与重要性，从而为其树立坚定的生态文明信念打下基础。对于家庭教育与社会教育来说，也需要从家庭成员和社会公众的实际出发，采取丰富多彩的方式方法，把环保知识与节约意识等融入生产生活中，使人们在潜移默化中形成良好的生态文明理念，养成节约与环保的生活习惯。

三、教育实践的参与性

实践参与性原则是指在生态文明教育过程中要引导公众在面对实际的生态问题时，能够运用所习得的生态文明知识去解决实际问题，从而使公众的生态环保责任意识得到提升，应对环境资源等问题的实践能力得以增强，将理论知识贯彻到实践行动中去。公众的积极参与、主动践行既是生态文明教育的归宿，同时也是生态文明教育的载体。社会成员对节能环保、绿色出行、低碳生活等生态建设活动的参与程度，直接体现着一个国家环境意识和生态文明的发展程度。公众参与有利于提高全社会的环境意识和文明素质，在社会上形成良好的环保风气和生态道德，形成浪费资源、破坏环境可耻的社会舆论氛围，向每个人传递节能环保光荣的正能量，从而使生态文明建设的理念深入人心、深入社会。同时，要积极建立健全公民参与的体制机制，拓宽参与渠道，使公民参与意识和参与积极性得到充分体现。广大社会成员对生态文明教育的积极参与对于提高政府生态决策水平和公共决策的认同感也具有重要的意义。因此，在实施生态文明教育时要切实贯彻公众实践参与的原则。

尽管国家在生态保护与环境教育方面越来越重视公众的实践参与，但是要充分发挥公众参与的巨大潜力仍需国家及个人在以下几个方面进行努力。其一，作为个体公民要树立争做生态公民的自觉意识，从现在做起，从点滴小事做起。其二，政府相关部门应该积极拓宽公众生态文明实践参与的渠道，同时让社会成员及时快捷地获取相关信息。其三，教育部门及教育者要在生态文明教育过程中坚持理论联系实际的原则。从教育教学的实际情况来看，如果将科学知识、概念的传授陷于空洞的说教，则必将使生态文明教育脱离实际，且易导致学习者对此产生厌恶感；反过来，仅仅就事论事地去处理一些具体的生态问题而不注重知识理念和基本技能的传授，则无助于学习者认知水平的提高，最终也将不利于实际问题的解决。其四，在生态文明教育过程中，积极引导受教育者面对实际情况要具体问题具体分析。在引导教育对象参与解决实际问题时，应当把重点放在日常生活中，让受教育者首先从自己周围能够直接感受到的生态问题出发，用自己所获得的相关知识和技能解决问题。只有真正做到这一点，生态文明教育才能逐步引导社会成员将眼光扩展到全社会乃至全世界，从而形成对生态问题的整体意识和解决这些问题的全局思维。

总之，公众的实践参与是生态文明教育成效的重要体现，没有公众的积极参与和主动践行，生态文明理念就难以转化为现实。因此，在生态文明教育的实施过程中，应该让教育对象在实际生产生活中主动发现资源环境问题；在解决问题的过程中提高自身的思维能力与判断水平；在相互交流与探讨的过程中逐步树立正确的生态文明价值观；在主动参与各种生态建设活动中，养成与自然万物和谐共存的生活习惯。生态文明教育目标的实现最终要靠广大社会成员的实践参与，可以说，公众的实践参与情况直接关系到生态文明教育的成败。所以，生产发展、生活富裕、生态良好的社会发展目标的实现，除了需要政府的立法与政策支持之外，更重要的是让社会成员明确其责任与义务并且能够积极参与其中。

四、教育区域的差异性

从哲学角度来说，矛盾具有特殊性和普遍性的特点，这就要求对待不同的矛盾要采取不同的处理方法。由于中国幅员辽阔，地区经济发展不平衡，各地区人口的文化素质和教育状况差异较大，因此，生态文明教育在具体实施时，需要对每一区域的经济状况、教育状况和文化状况等方面进行全方位考虑，从实际出发制订可行的教育方案。区域差异性原则是指在进行生态文明教育时，一方面要以目前我国生态环境的总体情况为基础；另一方面要考虑特定区域的具体情况，在某一区域进行生态文明教育，需要结合当地的经济文化状况与当地的生态环境特点，把当地的局部情况与国家的整体规划紧密联系起来，各个地方的生态文明教育实施要按照当地的教育状况和师资力量有针对性地选择教育内容及方法。

地域差异性是中国生态环境问题的重要特征之一，不同区域因其不同的自然条件和人文历史状况，生态环境面临的问题也有所不同。中国生态文明教育在实际操作中必须做到理论联系实际，具体问题具体对待，既要体现国家的政策方针又要针对地方的实际状况。总体而言，在地方政府的生态意识、公民的生态素质、生态教育的硬件水平（教育政策、教学设施等）和软件水平（资金投入、师资力量等）、生态建设与经济发展的关系协调等方面，发达地区好于落后地区，城市好于农村，东部好于西部。特别是在中国的偏远山区、西部地区，由于经济发展落后，生态文明教育的发展水平还相对较低。因此，开展生态文明教育需要联系各地区的实际情况，紧密结合当地的生态环境现状与经济发展水平。总之，在宏观上，生态文明教育要根据国家的整体利益进行全局性教育；在微观上，要根据地区具体的生态问题进行有针对性的、有侧重点的教育。必须基于地区实际情况，注重生态环境的"本土化"建设，因地制宜、因时制宜地开展符合当地实际的生态文明教育。

　　从中国整体的经济发展水平来看，经济发达地区的生态文明教育起点较高，目标层次也要相应高些。在发达地区，经济与文化的发展速度快、水平高，与国外联系较多，生态文明教育也可以紧跟国外的最新动态，这些都有利于生态文明教育的开展。因此，对发达地区生态文明教育的开展来说，无论是公共教育还是专业教育，都要注重引进、吸收生态环境治理与教育方面的新理念、新知识。同时，这些地区生态文明教育的实践要以专业培训和学校教育为主，以社会宣传与社区实践活动等为辅。对于经济落后地区，其文化、社会等方面的发展受到落后的经济条件制约，因而教育水平也相对较低。目前，全国总人口中还有一定比例的文盲、半文盲，且大部分集中在落后地区。针对落后地区的社会经济与教育状况，生态文明教育应该以社会宣传和开展与人们生产生活息息相关的节能环保活动为主，使人们首先明白什么是"低碳、环保、节能"等基本生态文明知识，使当地民众在整个社会舆论的影响下接受生态文明理念，逐步养成节能环保的生活习惯。

　　另外，不同的地区存在的主要生态环境问题有所不同，发达地区的生态问题一般表现为城市水资源、空气污染以及由高速发展的工业所造成各种现代性危机。落后地区的生态问题则表现为，高原地区湿地面积缩小、草原退化，工业、城市聚集地带的环境被严重破坏，西北地区的干旱、水土流失引起严重的沙尘暴、土地荒漠化等。针对这一情况，生态文明教育的开展也要采取不同的措施，在各类地区进行有针对性的教育。从本地区存在的问题出发更容易让人们立足现实生态困境，为解决困扰其生活的生态难题而主动接受生态文明理念，进而达到理想的教育效果。

　　总之，生态文明教育的有效开展需要坚持区域差异性原则，不仅要在国家的整体规划与领导下开展工作，而且要结合本地区本部门的实际情况，制订有针对性的教育方案，采取切实可行的措施，防止教育流于形式、浮在表面。唯有如此，才能使生态文明观念真正深入人心。

第六章　生态文明教育的途径与方法

第一节　生态文明教育的主要途径

途径是指人们在认识世界、改造世界的过程中，为了达到一定的目的或目标，所必须采取或借助的方式、中介和桥梁的统称。生态文明教育途径就是人们在开展生态文明教育的过程中，为了达到生态文明教育的目的、实现生态文明教育的预期效果所采取的教育方式、教育模式、教育中介的统称。就目前我国的实际情况来看，生态文明教育的主要途径包括家庭教育、学校教育和社会教育三种。学校教育主要是教师对学生的教育；家庭教育主要是家长对孩子的教育；社会教育主要是国家对社会公众的教育。在生态文明教育的管理上，国家对家庭教育、学校教育和社会教育进行统筹管理，从而形成"三位一体"的生态文明教育模式。

一、家庭生态文明教育

家庭教育通常是指在家庭内由父母或其他长辈对子女和其他家庭成员所进行的有目的、有意识的教育。当然，家长在家庭环境中的自我学习与自我教育也是家庭教育的一个方面。家庭教育从其含义上讲有广义和狭义之分。广义的家庭教育主要是指一个人在一生中接受的来自家庭其他成员的有目的、有意识的影响。狭义的家庭教育则是指一个人从出生到成年之前，由父母或其他家庭长辈对其所施加的有意识的教育。家庭生态文明教育主要是指家长对孩子进行以节约资源、保护环境等为主要内容的生态文明理念灌输与生态文明行为引导活动，其重点是从日常生活实际出发让孩子从小树立正确的生态价值观，养成良好的生态文明习惯。当然，家庭生态文明教育也指家长自身对节能环保等生态文明理念的学习与实践。

（一）家庭生态文明教育的意义

首先，家庭生态文明教育是提高青少年儿童生态文明素质的重要途径。家庭是社会的细胞，是少年儿童成长最重要的生活场所，家庭作为一个特殊的教育环境，其教育作用往往是学校教育和社会教育所不能代替的。心理学与教育学的研究证明，人的大部分社会习惯和智能是在儿童时期形成的。儿童精力旺盛、可塑性强，如果从小就受到良好的生态文明教育，树立起良好的生态文明意识，长大后就会自然而然养成环保与节约等生态文明习惯。实践证明，从小对孩子进行生态方面的教育要比成人之后再对其进行这方面的教育取得的效果明显得多。苏联著名教育学家苏霍姆林斯基曾把儿童比作一块大理石，他认为把这块大理石塑造成一座雕像的第一位雕塑家就是家庭教育，家庭教育在儿童成长过程中发挥着基础性作用。家庭作为孩子成长过程中的第一所学校，理应肩负起对孩子进行生态文明教育的重任。因此，要充分重视家庭对孩子的生态启蒙教育。同时，家庭教育还具有终身性的特点，家庭教育对个体的影响贯穿于个体成长的始终，因而，家庭教育对下一代的道德观、价值观与生态观的形成有重大影响。正是因为家庭教育对孩子思想观念与行为习惯影响的启蒙性、终身性与深刻性，所以家庭生态文明教育是提高青少年儿童生态文明素质的重要途径。

其次，家庭生态文明教育是整个生态文明教育体系的重要组成部分。如前所述，生态文明教育是国家根据人的心理发展规律和社会发展要求，通过正式和非正式的方式，对全体社会成员施加有目的、有计划、有组织的教育影响，以使其树立科学生态观，培养生态公民为目的的社会实践活动。这一覆盖全民的社会系统工程需要家庭教育、学校教育与社会教育的全面实施与通力合作，这样才能取得理想的效果。其中，家庭教育在整个教育过程中起着基础性作用，因为每个人一出生首先受到的是家庭环境的熏陶和影响，家长是孩子的第一任老师。家长可以在日常生活中有意识地培养孩子热爱自然、热爱环境、热爱生命的情感和意识，通过绿色环保的生活方式和消费方式，培养和熏陶孩子良好的生活习惯，从而形成健康、文明的生活观、生态观。而这种家庭生态文明教育的普遍化与日常化，对于培养符合社会发展要求的现代公民，具有社会教育和学校教育不可替代的作用。因此，开展生态文明教育必须从家庭教育开始，从青少年儿童抓起，通过父母的言传身教，把节约资源与保护环境等生态文明理念传授给孩子。从而使家庭生态文明教育与学校生态文明教育、社会生态文明教育形成合力、相互促进，以提高生态文明教育的整体效果。

最后，家庭生态文明教育是提高家长生态文明素质，推动"两型"社会建设的有力措施。广大家长在对孩子进行生态文明教育的同时，自身也是教育对象，他们的生态文明素质和相关行为能力的提高，也是家庭生态文明教育的一个重要方面。国家和社会通过各种方式（如媒体、宣传册、社区教育等）对家长进行节能环保等方面的宣传教育，同时家长也会在日常生活中有意或无意地进行自我教育。显然，广大家长在对孩子进行生态文明教育的同时，也是进行自我教育的过程，这无形中提高了家长自身的生态文明素质，父母的一言一行在为孩子树立榜样的同时也提升了自身的生态理念践行能力。另外，从建设资源节约型社会和环境友好型社会的现实状况来看，资源节约和环境保护涉及社会的方方面面，也必然涉及每一个家庭。尽管不同的家庭有不同的消费方式、生活理念和物资使用状况，也许个体家庭对资源环境的影响并不明显，但是一个国家所有的家庭对能源资源和生态环境整体影响却非常大。切实加强家庭生态文明教育，提高所有家庭成员的生态文明素质对于改善环境质量，节约能源资源乃至维持生态平衡意义重大。

（二）家庭生态文明教育的方式

作为非正式教育的家庭教育，与学校教育有较大区别。家庭是儿童及青少年生活成长的主要场所，传授知识和培养技能只是其中的一个方面，家庭更多的是给孩子提供健康成长的物质条件和融洽的生活氛围。同时，父母、祖父母与孩子的关系不同于老师与学生的关系，在我国孩子在家庭中多数是我行我素的"小皇帝""小公主"，一般不易接受家长有意识的思想教育和行为指导。因此，在家庭环境下有效开展生态文明教育必须针对家庭生活的特点和孩子的身心发展规律，采取简便易行且行之有效的策略与方式。具体来说，应该在以下几个方面努力。

1. 潜移默化，把生态文明理念融入家庭日常生活

家庭生态文明教育要结合生活实际，注重孩子良好生活习惯的养成。家庭是一个特殊的教育环境，它不像学校那样是专门负责传授知识、灌输思想的教育机构，而是在家长的关怀、照顾下少年儿童健康成长的场所。这种特殊的教育环境使家庭教育成为一种以亲子关系为纽带，以衣、食、住、行等日常生活为主题的生活化教育。家庭教育的一个显著特点就是尽可能把相关教育理念融入家庭生活的各方面，通过家长的言谈举止在无形中影响孩子的思想与行为。因此，只有把生态文明理念融入家庭生活的方方面面，才能在潜移默化中使孩子接受教育，从而培养他们良好的生活习惯。生态文明教育在家庭环境中的实施，主要以节约水电、爱惜粮食、关爱小动物、维护环境卫生等为主要内容，这些内容均与家庭生活息息相关。就此而言，需要把节能环保等生态文明理念融入日常生活的点点滴滴，这样才能使孩子易于接受这些理念，进而形成文明的生活习惯。如当与孩子一起用餐时，要经常提醒孩子不能浪费粮食，以其可以接受的方式（如讲故事）告诉孩子餐桌上的食物从播种到变成美味佳肴，需要耗费一定的资源和能源，而这些都是有限的，浪费粮食的实质就是浪费地球上有限的宝贵资源，就是在慢慢走上毁灭自己的道路。再如家长与孩

子一起到超市购物时尽量不用塑料袋，让孩子明白不用塑料袋的原因是为了减少"白色污染"，改善我们的生活环境。同时，家长要有意识地在生活中培养孩子绿色出行、节约水电、垃圾分类等良好的生活习惯。将节约、环保等生态理念与日常生活相结合，引导孩子从点滴小事做起，更容易使孩子在无形中受到教育和熏陶。总之，在家庭生活中，家长把各种生态文明理念生活化、日常化，往往会对孩子起到润物细无声的教育效果。

2. 身体力行，给孩子树立节约环保的好榜样

在家庭生活中，孩子大多数时间与家长待在一起，家长的一言一行都在孩子的视野中，家长的言谈举止对孩子具有潜移默化的影响作用。孩子在世界观、人生观、价值观形成以前极易模仿大人的言行，在长期的耳濡目染中会把大人的生活习惯与处事方式复制过来。正所谓"其身正，不令而行；其身不正，虽令不从"。因此，家长在家庭教育中要身体力行，为孩子树立良好的榜样。具体到家庭生态文明教育来说，家长首先要养成爱惜粮食、随手关灯、循环用水等节约习惯，表现出对一草一木、一虫一鸟的关爱，形成保持个人卫生、爱护公共卫生的良好习惯。同时，在与家庭成员的交流中很自然地融入浪费可耻、环保益多等内容。总之，家长要时刻以自己热爱自然、保护生态环境的实际行动营造家庭生态文明教育的良好氛围，以感染、熏陶孩子的思想与行为，帮助孩子树立正确的生态文明观念。

3. 奖罚分明，积极强化孩子的正面生态文明行为

表扬与奖励、批评与惩罚是家庭教育中经常使用的两种方法。前者是积极的激励措施，主要是家长针对儿童各个方面的进步和成绩给予适当的奖励，以有效增强儿童的成就感、自信心，提高儿童的自我评价能力。后者是指家长针对儿童在生活、学习等各个方面存在的问题和缺点，对儿童施加一个不愉快的刺激，使儿童产生适当的自责感和愧疚感，让儿童认识到自己行为的错误，最终改正自身存在的问题和缺点，以促进儿童形成良好的品德和行为习惯。少年儿童的自制力较差，良好的行为方式与生活习惯往往缺乏稳定性与长期性。因此，需要在家庭教育中适当运用奖惩结合的方式，以强化孩子在生态文明方面的积极行为，同时抑制孩子的负面行为。具体到家庭生态文明教育来说，家长可以在与孩子协商一致的前提下约法三章，制订明确的奖惩方案，让孩子清楚哪些行为会得到奖励，哪些行为会受惩罚。如随手关灯、关水龙头、不随便剩饭、主动打扫卫生、浇花等有益于孩子生态文明意识形成的行为活动，家长都可以适当进行物质奖励或精神鼓励。需要注意的是，上述奖励行为要在孩子力所能及的范围内，而不能超出孩子的能力范围，否则这样做就将失去意义。而诸如随地吐痰、乱扔垃圾、虐待小动物、浪费粮食、胡乱花钱等不利

于孩子良好生活习惯养成的行为，也要制定相应的物质惩罚或精神惩罚措施。需要注意的是，这些处罚措施应该根据孩子自身的行为特点有针对性地制定。同时，对孩子的奖惩要根据孩子的行为优劣程度决定奖惩的幅度，要立足孩子的实际情况随时调整奖惩计划方案，务必使激励措施起到实效。

4. 亲近自然，在对比中培养孩子热爱自然的情怀

在当前大气污染加剧、河流湖泊水质恶化与荒漠化、石漠化等生态破坏严重的形势下，让孩子身临其境去感受生态平衡与保护环境的重要性能起到良好的教育效果。没有对比就没有鉴别，孩子就不能深刻鲜明地体会到什么是优美，什么是污浊，什么该做，什么不该做。因此，家长可以通过带孩子到受污染的河边钓鱼，在灰霾天气时送孩子上学，到生活条件艰苦的山区体验生活等方式让孩子感受环境污染与生态破坏的危害。同时，带孩子去生态公园、自然保护区等生态环境优美的地方去感受大自然的另一面：领略旭日东升、晚霞夕照、花开花落、草长莺飞等自然风光；观看蜜蜂在花丛里飞舞的身影；欣赏鱼儿在清水里悠闲的姿态；泛舟于碧波之上、嬉戏于丛林之中。这样可以引导孩子用自己的耳、自己的眼、自己的心，真切地去感受、欣赏与亲近自然，孩子在亲身的体验中，可以体悟到自然本身、人与自然、人与人之间的平衡与和谐。通过对比体验使孩子产生对大自然的热爱之情，进而牢固树立保护环境、节约资源等生态文明理念。

（三）家庭生态文明教育的特点

相对于学校教育方式与社会教育方式来说，家庭生态文明教育具有自身显著的特点。这主要表现在对象的针对性、方式的灵活性、成本的低廉性、效果的快捷性和影响的深远性等方面。

1. 针对性

人们常说，知子莫如父，知女莫如母。孩子与家长长期生活在一起，同时，由于直接的血缘关系，使得父母通常对孩子的情况十分熟悉。家庭教育是个别教育，家庭中教育者和受教育者往往都是家庭成员，对人的影响较之学校教育和社会教育具有较强的针对性。这种教育者与受教育者的具体性与针对性，可以使家庭教育做到"有的放矢""因材施教"。家庭成员朝夕相处，彼此能很全面、很深入地相互了解，因而，父母对子女的思想动向、性格特点、个性发展趋势等能有较为清楚的认识，这就有助于家长有针对性地开展教育，有助于家长选择行之有效的教育方法、教育时机和教育内容，这种教育影响大都能够触及个体的灵魂，从而收到良好的教育效果。从生态文明教育的角度来说，家长可以针

对自己孩子的具体特点"对症下药"，例如，有的孩子有花钱大手大脚的坏习惯，不管有用没用的东西什么都买，无形中造成不必要的浪费。家长可根据孩子这一特点对孩子进行合理消费、适度消费教育，可以通过讲道理、摆事实让孩子认识到盲目消费的错误，也可以通过宣传片或者带孩子到贫穷落后的山区体验同龄人的生活等方式让其认识到自己的错误，从而使孩子树立正确的消费观。再如有的孩子有挑食、剩饭的毛病，家长可以针对这一情况通过归谬法让孩子自己找到随便剩饭的害处，也可以通过讲故事的方法让孩子认识到自己的行为是非常有害的。当然，在具体家庭进行生态文明教育时，还要根据孩子的性别、年龄、性格、兴趣等具体情况采取有针对性的方式方法。

2. 灵活性

与学校生态文明教育需要专门的教师、教材和教育场所不同，家庭生态文明教育一般没有什么固定的"程式"，也不受时间、地点、场合、条件的限制，可以随时随地遇物则诲，相机而教。在休息、娱乐、闲谈、家务劳动等各种活动中，都可以对孩子进行教育和引导。因此，家庭生态文明教育的具体方式比较容易做到具体形象、机动灵活，适合儿童、青少年的心理特点，易于为子女所接受。这与学校教育相比，在方式方法上要灵活很多。生活中不少家长很有教育意识，擅长就地取材利用一切可以利用的条件和机会，对孩子进行生态文明教育。例如，在吃饭的时候可以通过聊天的方式给孩子讲述"一粥一饭当思来之不易，半丝半缕恒念物力维艰"的道理，使其树立勤俭节约，爱惜粮食的生活习惯。在洗澡的时候，可以告诉孩子家庭生活用水的来历，水对人的重要性以及水对所有生物的意义，从而使孩子懂得节约用水，保护水资源的价值所在。在外出旅行时可以向孩子灌输绿色出行和生态旅游的重要性，让其明白严重的灰霾天气在一定程度上是由机动车辆尾气排放造成的，优美的自然风景需要每位游客的细心呵护，家庭生活中随处可用的生态文明教育事例还有很多，家庭生态文明教育的灵活性、便捷性也正是其优势所在。

3. 低成本

与学校生态文明教育、社会生态文明教育相比，家庭生态文明教育最大的优势就是成本低。首先，家庭生态文明教育不需高薪聘请专业教师，一般而言，父母在家庭生态文明教育的过程中既充当了家长的角色同时也兼任了教师角色，尽管不是所有的家长都是合格的生态文明教育教师。其次，家庭生态文明教育不需要像学校那样耗资较大的场地与设施，以家庭生活为中心可以足不出户，随时随地对孩子开展丰富多彩的生态文明教育。再次，家庭生态文明教育一般不需要专门的教材和辅导资料，诸如节约水电、爱护花草、垃圾分类等生活常识和文明习惯基本不需要专门的教材书籍。当然，一些较为专业的生态文明知识还是需要相关科普教育书籍帮助的，如生态经济、绿色科技、绿色生活指数等。最后，所有教育对象也不需要向家长及国家支付任何费用，这对国家和社会来说是巨大的节约，从这一意义上来说应该充分发挥家庭生态文明教育在整个生态文明教育体系中的积极作用。当然，家庭生态文明教育的这一优势只是相对而言，并且前提是家长要具备较高的生态文明素质，具备对孩子开展形式多样的生态文明教育的能力。显然，这一前提成立的条件与社会生态文明教育以及家长的自我教育是分不开的。

4. 速效性

由于家庭生态文明教育主客体的特殊性与教育内容的生活化等因素的影响，也使得家庭生态文明教育呈现出速效性的特点。家长与孩子在家庭生活中不仅是亲子关系还是教育者与受教育者的关系，这种双重身份关系使得孩子在日常生活中不自觉地接受来自家长言行中的各种生活理念与行为习惯。因为少年儿童从出生开始，大部分时间里与家长生活在一起，家长的言传身教和生活细节无形中会影响孩子的思想与行为。一般而言，父母均是孩子的权威（儿童叛逆期除外），在孩子眼里父母说的和做的都是对的，这也是家庭生态文明教育见效快的一个重要原因。此外，家庭生态文明教育的内容一般比较浅显易懂，且与日常生活紧密联系，易于理解和操作，只要家长教育方法得当，同时长期督促孩子持之以恒地坚持，就会使家庭生态文明教育取得良好效果。事实证明，同等条件下与学校生态文明教育相比，家庭生态文明教育的效果更为明显。当然，这首先需要家长有较高的生态文明素质，同时具备对孩子实施生态文明教育的能力，还需要对孩子的思想与行为进行长期监督。

5. 深远性

从影响程度来看，家庭生态文明教育对教育对象的影响具有深远性。青少年儿童正值价值观和行为习惯形成的重要时期，从小对孩子进行勤俭节约和保护环境等方面的思想灌输与行为引导，会使他们在思想意识中形成关于人口、资源、环境等方面的正确观念，并把这些思想观念慢慢固化为日常行为习惯。而一旦某些价值理念形成不自觉的行为习惯，那么，这些行为习惯将可能伴随人的一生。实践证明，日常生活中，多数人的良好习惯都是从小在家庭教育背景下形成的，例如，随手关灯、循环用水、爱惜粮食等。而这些有利于生态文明建设的行为习惯的养成大都可以追溯到家长的影响上来。在这一点上，很多老年人当说起他们是如何养成"不糟蹋一粒米""不浪费一滴水"的良好文明习惯时，他们认为除了受当时的社会经济条件所迫之外，主要是从长辈那里沿袭下来的一种习惯。显而易见，在家庭教育下养成的良好习惯往往会影响人的一生。因此，家庭生态文明教育对孩子的影响具有终身性与深远性，而这也是家庭生态文明教育的优势所在。

二、学校生态文明教育

（一）学校生态文明教育的意义

学校是对青少年进行生态文明教育的主要场所，学校教育在开展生态文明教育的过程中发挥着主渠道作用。青少年是生态文明教育的重点人群，学校理应成为对青少年进行系统生态文明教育的主要阵地。具体来说，学校生态文明教育的意义主要体现在以下几个方面。

首先，学校生态文明教育担负着传播资源环境知识与生态文明理念的重任。学校不仅是塑造灵魂、培养人才的摇篮，还承担着宣传国家政策走向、传播社会发展理念的重要使命。所以，学校生态文明教育是向全社会传播生态文明知识与绿色发展理念的重要途径。这是因为教师和学生在生态文明理念的传播方面有其自身优势。教师大都文化水平和思想觉悟较高，对生态文明理念的认识深刻、全面，同时他们也可以发挥自身教育宣传的职业优势，向学生和社会进行大力宣传。而学生思想活跃、精力旺盛，对新事物和新理念接受的速度比较快，同时他们可以通过网络和社会活动等方式把生态环保与可持续发展理念向社会辐射。当然，学校生态文明教育最重要的是通过教师的课堂教学，把天人和谐、生态经济等发展理念融入课堂，让学生首先接受、领会，进而才能再发挥学生的传播效力。同时，学校还可以通过生态环境调查、主题报告、学术交流等方式使学生和公众加深对生态文明知识和理念的理解。可见，学校生态文明教育对于国家走绿色发展道路，实现生产发展、生活富裕、生态良好的基本目标具有重要的宣传作用。只有生态文明理念在全社会深入人心，社会成员广泛认同并主动践行，才能使整个社会的生产生活方式真正实现生态化转变。

其次，学校生态文明教育可以推动全体社会成员生态文明素质的提高。在学校开展生态文明教育，尤其是在中小学教育中进行生态文明教育至关重要，这是提高整个民族生态文明素质的关键环节。可以说，中小学生生态环境意识的形成是未来社会生态环境意识的基础，虽然不能简单地将目前中小学生的生态文明意识状况与未来整个社会的生态环境意识相等同，但是这至少在很大程度上会影响整个社会的生态文明意识。从高等教育看，高等院校承担着提高大学生的人文素质与科学素质的重任，学校所培养的精英人才将来大都是社会建设的中坚力量，他们的生态文明素质高低将直接或间接地影响到我国建设生态文明社会这项战略任务的成败。因此，青少年学生必须具备一定的生态文明素质（包括生态道德素质、生态文化素质、生态科技素质等方面），这样才符合现代社会对个人基本素质的要求。通过在学校系统全面地学习生态环境知识，深化对人与自然关系的认识，学生才能在对生态文明理解加深的基础上，树立正确的生态文明理念，形成节能环保、尊重自然的文明习惯。生态文明建设的关键就在于整个社会生态文明意识的树立和生态文明习惯的形成。而这也正是生态文明教育，特别是学校生态文明教育要着力解决的问题。

最后，学校生态文明教育可以为社会培养大批适应时代发展的人才。推动社会发展需要各级各类高素质的人才，在当前推进生态文明，建设美丽中国的形势下，更需要各级领导干部、企业管理者以及普通公民关注生态、保护环境，正确处理经济发展和环境保护之间的关系。其中，在当前环境问题突出的形势下特别要处理好经济发展和环境保护之间的关系，而需要正确处理这一关系的主体不仅仅是领导干部、企业管理人员和专业技术人才，还包括广大在生产一线的普通劳动者。学校是培养社会所需人才的主要场所，生态文明教育不仅可以为生态文明建设提供技术保障，更重要的是可以为社会输出大批建设生态文明社会的高素质人才，学校生态文明教育在逐步形成从中小学教育到高等教育的生态文明教育体系，从而为社会主义现代化建设培养不同领域的高素质人才。从生态文明建设来说，教育特别是高等教育不仅可以为我国生态文明建设培养大批致力于美丽中国建设的专业人才，更重要的是能够为社会提供千千万万适应生态文明建设需要的普通劳动者，以促进整个社会生态文明素质的提升。山青、水净、天蓝、气爽的美丽中国建设不仅需要高层次的规划者和热爱、从事环保事业的科技人才，而且需要具备较高生态文明素质的广大普通劳动者。然而，这些社会所需人才的培养和塑造基本上要靠教育，特别是学校生态文明教育来完成。

总之，学校生态文明教育是提高全民生态文明素质的基础工程，对于弘扬天人和谐的传统生态理念与绿色发展的时代精神，形成良好的社会道德风尚，促进美丽中国建设，具有十分重要的意义。

（二）学校生态文明教育的方式

根据各级各类学校的不同特点，在具体实施生态文明教育的过程中，可主要采取以下几种方式。

1. 课堂教学

课堂教学是学校生态文明教育的主要方式和手段。然而，当前中国学校教育中仅有个别省份（如福建、湖北、湖南）在中小学开设了生态文明教育课程，且所使用的教材均为各省自行编制的科普型读物。针对这一状况，首先需要国家根据各阶段学生学习的特点和接受能力编写一套《生态文明教育》教材，教材在内容上应该由浅入深、由简到繁，前后连续、上下贯通，然后再配以生动活泼的生态文明知识课外读物，使整个生态文明教育内容形成完整的体系。这样才可以把生态文明知识单独列出来，以必修课、选修课的方式在小学、中学直至大学进行普及。

对于小学生来说，应该根据他们的生理和心理特点、兴趣和知识结构，着重培养他们的生态情趣和生态道德。通过生态文明教育向他们讲述自然环境的演化历程，使其了解由于人类的不当行为造成的环境危机、资源危机和多种动植物濒临灭绝的现状。将环境污染与生态破坏的惨痛现实通过图片及影音资料展示给学生，让学生深刻认识现代环境问题的严重性和紧迫感，从而树立正确的生态文明观。课堂教学中还应教会学生面对生活中污染环境、浪费资源等情况时，正确处理及应对的方法、技能，使学生在实践中逐渐成长为一名具备较高生态素质的小公民。对中学生来说，多样的学习科目担负着生态文明教育的主要任务。各科教师应利用课堂渗透，把生态文明教育的具体目标有机融合在学科课堂教学的过程中，强化他们的生态保护意识，使其在学习相关知识的同时提高生态文明素质及行为能力。从高等教育来看，大学不仅要对生态环境专业的学生，而且要对非生态环境专业学生进行生态文明教育。对于生态环境等相关专业学生来说，生态文明教育应该不断改进教育方法、手段，进一步提高教育效果。同时，还要充分利用学校的科研优势，积极研发具有实用价值的生态环保技术。而对于非生态环境专业的学生来说，必须提高他们对生态文明教育课程的认识，明确这一课程在学校教育体系中的地位。根据具体情况对非生态环境专业学生开设公共必修课、公共选修课和限定选修课。同时，在各学科的教学中，教师要通过深度挖掘与生态环境科学有关的教学内容，结合学科教学进行生态文明教育。这不仅使生态文明教育在各学科的专业教学中得到深化，而且也丰富了本学科自身的内容。

2. 第二课堂

除了正式的课堂教学之外，以生态环保专题讲座、论坛等为主要内容的第二课堂也是学校开展生态文明教育的重要方式。各类学校应该定期或者不定期开设生态环保专题讲座，向学生传授环境、生态、资源等方面的科学知识和价值理念，通过与专家学者的交流互动培养学生的生态文明意识，使学生养成维护生态、保护环境的良好习惯，懂得一些必要的科学知识和生活常识，从而有利于学生在日常生活中积极参与各种生态环保活动。专题讲座可以帮助学生集中深入了解某方面的知识，进而掌握专业的理论知识。学校可以积极聘请校内外专家学者开设以生态文明教育为主题的讲座。对大学生来说，每学期邀请国内外知名专家学者开展几次关于生态、环境、文化以及人与自然方面的专题讲座尤为必要，因为大学生更需要了解现实问题、关注社会发展，同时，他们也更容易接受新知识、新理念，从而激励他们为解决现实问题进行积极探索。讲座的内容可以是某一方面的专业知识，也可以是实际生活中的现实生态问题。这样可以从理论与实践相结合的角度，激发学生保护环境、维护生态的热情。讲座要提前一周左右在全校开展宣传，让学生知晓何时、何地、何人作关于何种主题的报告，这样可以使广大师生合理安排时间，提前为参加活动做好准备。为了能够使讲座富有吸引力，相关专题与报告可以在不影响主题内容学术性、权威性的基础上，充分运用现代教育技术，如多媒体、投影仪、网络等，以调动学生参与的积极性与针对性，进而达到预期的教育效果。

此外，有条件的学校还可以为学生提供与生态环保有关的书籍刊物、影音资料，让学生在阅读与观看影像资料的过程中了解现代社会的生态环境问题，比如：酸雨、土地沙化、海洋污染、全球变暖、热带雨林面积缩减、臭氧层被破坏、人口剧增以及极端城市化等。同时，让学生明白这些问题的形成原因及其影响在此基础上让学生清醒地认识到，我们生活的世界在某种意义上正处于自我毁灭之中，如果人类再不采取行动保护环境、维护生态均衡，将会造成更加严重的后果。只有善待地球，才能善待自己；只有保护自然，才能最终保护自己。

3. 校园文化建设

校园文化包括校风学风、校容校貌、学生社团，以及校园内的舆论导向、学术氛围、道德风尚、文化娱乐、师生关系等，其集中表现是校风，最高表现是校园精神。由于学生群体每年约有70%的时间是在学校中度过的，因此，一个学校的校园文化、校风校貌对学生具有潜移默化的熏陶与影响作用。校园文化是一种特殊的社会文化，它不仅与社会主流文化相适应，而且与社会政治、经济等方面有一定的联系，同时，校园文化在保持相对稳定的基础上还极富时代性。因此，校园文化建设是生态文明教育的重要载体，也是向学生传播生态文明理念、熏陶学生热爱自然、保护环境的重要渠道。

校园是广大师生生活、学习的重要场所，美丽、清洁的校园环境本身就是一本极富生态文明教育意义的立体教材。错落有致的花草树木、水清鱼游的湖光桥影对人具有赏心悦目的熏陶与感染作用，会让人油然而生对自然、对生命的热爱与尊重之情。可以说，校园的自然生态与人文生态能够对学生起到重要的激励与影响作用，这种教育意义在某种程度上不亚于向学生单纯灌输保护环境、节约资源的思想。同时，学生还可以从中体验到校园环境的审美价值，促使其形成正确的审美意识和审美情趣，在潜移默化中对学生的生态文明意识起到积极影响。因此，需要在学校中营造爱惜花草树木、培养环境道德的良好氛围。同时，鼓励学生参与校园环境的建设和维护，引导学生有计划地开展主题讨论、图片展览、板报宣传等多种形式的环境道德宣传活动，从而塑造校园环境文明和环境文化，使之成为校园文化的有机组成部分。另外，在学校进行生态环境知识科普宣传的同时，应该大力弘扬古今中外积极的生态思想，为提高生态文明教育水平提供文化环境。努力营造尊重自然、爱护生态、保护环境、节约资源的校园文化氛围，积极引导学生树立科学的生态观。

4. 课外实践活动

课外实践是生态文明教育不可或缺的重要一环，既可以巩固青年学生在课堂所学的生态文明知识，也可以检验学生所学知识的牢靠程度，更可加深他们的生态情感体验。要使广大青少年在内心深处把保护生态、爱护环境、节约资源的理念转化为个人的行为指南，单凭他们了解相关内容难以奏效。还必须使他们在知、情、意、行等环节上有切身的感受和体验，使其明确"什么是错"以及"为什么错"，"什么是对"以及"为什么对"，方可内化为个人自觉践行的价值理念。此外，为了使青少年树立正确的生态观，要从青少年的年龄、心理特点出发，把被动接受与主动实践相结合，他律与自律相结合，做到知行合一，从而使生态文明教育内化为他们内心的思想信念，达到润物无声的效果。

对初等教育的学生群体来讲，各级各类学校可以有意识、有组织地带领学生到污水处理厂、环境监测站、环保科研单位、植物园、动物园、科技馆进行实地参观，也可以组织中小学生到自然保护区、森林公园以及原野农田等与自然近距离接触，进而让学生相互交流各自的心得体会，加深他们对人与自然关系的理解。各中小学也可以组织学生参加以节约水电、回收废电池、植树造林等为主题的公益活动，引导他们与公益性环保组织进行合作，共同开展面向社会以节约资源、拒绝污染为主题的生态文明教育宣讲及实践活动。这样在服务社会的同时也提升了他们自身的生态文明素质。对于高等教育学生群体来说，各高校应该积极倡导大学生针对现实中比较突出的某一具体环境、资源问题进行实地调研，在对某一地区某一时间段的环境污染情况或资源供给现状的调查以及对相关数据处理分析的基础上，他们会对生态问题的现实性与严重性有更加科学和深刻的认识，进而激发他们保护环境、爱惜资源的情感认同。同时，还可以使他们利用所学的知识努力探索解决现实问题的方案，以增强大学生对生态环境问题的危机感和建设美丽中国的使命感。大学生也可以根据专业特长组织生态环境道德小品、短剧、演讲、辩论赛等形式多样的文化活动。具体、形象的文化活动，不仅可以培养大学生的审美能力，也能培养他们的生态道德素质。大学生还可以通过自我管理、自我组织的生态环保社团在"世界环境日""世界水日""地球日""戒烟日""植树节""爱鸟周"等具有教育意义的特殊纪念日，面向社会开展各种宣教活动。把大学生生态环保社团作为开展各种宣传教育活动的重要载体，不仅可以加深学生自身对生态环保理念的认识，锻炼其社会实践能力，也可以对生态文明理念在全社会的普及起到积极的推动作用。

（三）学校生态文明教育的特点

与家庭生态文明教育和社会生态文明教育相比，学校生态文明教育具有自身明显的优势和突出的特点，主要体现在专业性、系统性、组织性、稳定性和权威性等方面。

1. 专业性

学校是专门实施教育的场所，学校生态文明教育作为新时期国家教育的重要方面，与家庭生态文明教育和社会生态文明教育相比，具有明显的专业性。这种专业性主要体现在以下几个方面：其一，有较为专业的生态文明教育教师及各级专职教育管理人员。虽然目前我国各级各类学校的生态文明专业教师还很有限，整体素质也有待于提高，但各级各类学校形成一支专业化、高素质的生态文明教育教师队伍是可以期待的。这也是学校生态文明教育在整个教育事业中的优势所在，也是家庭生态文明教育、社会生态文明教育难以企及的。其二，学校有专门设置的适于实施生态文明教育的设施、设备、资料及较完备的管理制度和各种现代化教学手段。如投影仪、显微镜、计算机等教学设备以及大型实验室、实训基地等都是教师向学生传授环境科学知识和进行各种实验的必备条件。显然，这些均是保证学校生态文明教育顺利实施的必要条件，也是其优势所在。其三，学校一般具备有利于传授生态知识、教书育人的文化环境，为大面积培养社会所需要的人才提供了良好的氛围与条件。

2. 系统性

学校生态文明教育相对于家庭生态文明教育和社会生态文明教育来说，更具有连贯性、系统性。这种系统性主要表现在两个方面：一是表现在生态文明教育体系方面。正规教育的生态文明教育体系应涵盖基础生态文明教育、专业生态文明教育和在职生态文明教育三大部分。中国基础生态文明教育主要以幼儿及中小学生为对象，重点培养他们在生态文明方面的态度、参与、行为与能力等，强调教育内容的探究性、活动性、现实性及有效性，努力使基础生态文明教育在各方面走向制度化、规范化。生态文明教育的专业教育主要是面向大中专院校的学生与各类研究生，其重点在于突出生态环境等方面的专业性与教育性，目的是为社会培养高层次的教育科研人才。在职生态文明教育的主要任务是在职成人岗位培训、继续教育，目的是提高在职在岗人员的生态文明素质和工作实践能力。二是表现在生态文明教育的知识内容方面。生态文明教育课程内容从认知领域的《生态学》《环境学》等生态知识普及课程，到《环境伦理学》《环境哲学》等生态意识教育课程，再到《环境影响评价》《大气污染控制工程》等生态技能教育课程，这充分体现了生态文明教育内容由浅入深、由简单到复杂、由基础到专业的系统性和层次性。

3. 组织性

作为正规教育，学校教育具有较强的组织性和规范性，生态文明教育作为学校教育的一个新兴领域，显然也具有严密的组织性。从学校的层次来看，幼儿园、小学、中学、大学把不同年龄段的教育对象组织在一起，根据其接受能力与知识基础接受合适的生态文明教育；从高等学校的类别来看，工科、理科、文科、综合类院校可以把侧重点不同的生态文明教育内容有计划、有目的地传授给学生。从学校生态文明教育具体的实施方式来看，学生接受生态知识、学习相关课程是在规定的时间和地点，由专门的老师按照教学大纲和教学计划有序开展，并且有明确的教育目标和教学任务。此外，还有对学生学习情况的考试考核，对教育教学的反馈评价等。无疑，这些方面都是学校生态文明教育严密组织性的体现，同时，也是学校生态文明教育的优势所在。

4. 稳定性

学校生态文明教育同家庭生态文明教育、社会生态文明教育比较，是最为稳定的教育形式。这是因为它拥有稳定的师资队伍、稳定的教育场所、稳定的教育对象和稳定的教育内容、方法等。而这些也是青少年全面接受生态文明教育，系统学习相关知识，树立正确的生态文明意识不可缺少的条件。正是学校生态文明教育的稳定性为其大面积、高效率传授生态文明知识与理念，培养生态文明建设人才提供了基础保障。

5. 权威性

学校生态文明教育还有权威性的特点。因为学校生态文明教育的教学内容、教学大纲、教学目标和组织形式等均是国家教育、行政等部门经过相关专家学者的研究论证之后，是在全国各级各类学校按要求和计划组织实施的。相对于家庭生态文明教育和社会生态文明教育来说，学校生态文明教育的规范性、权威性和目的性更强。

三、社会生态文明教育

广义的社会教育，是指旨在有意识地开展有益于人的身心发展的各种社会活动；狭义的社会教育，是指学校和家庭以外的社会文化机构以及有关的社会团体或组织，对社会成员所进行的教育。本文中有关社会教育的含义一般是指狭义层面的社会教育。社会教育通常通过不同形式的媒体宣传教育方式承载所要传达的信息和理念，其中既包括富于教育意义的正面信息，也包括具有警示意义的反面信息。社会教育通常利用群众乐于接受的方式开展活动，从而使社会成员产生情感共鸣，在潜移默化中规范人们的日常行为。因此，社会生态文明教育就是社会教育中以生态文明为主题，以提高社会成员的生态文明素质、促进人与自然和谐发展为目的的社会教育。

（一）社会生态文明教育的意义

相对来说，社会生态文明教育的受众范围最广，覆盖面最大。充分利用社会教育的优势，采取多种形式对社会公众进行生态国情、环境现状、绿色发展等方面的宣传教育，可以有力促进生态文明理念在全社会的牢固树立。具体来说，社会生态文明教育的意义主要体现在以下几个方面。

首先，社会生态文明教育有利于社会风气和社会面貌的生态化转变，从而潜移默化地引导社会成员树立生态文明意识，养成生态文明习惯。近年来，中国社会生态文明教育通过媒体宣传、教育基地建设、环保组织活动和生态公益讲座等形式，在全社会大力传播节能减排、低碳生活和循环经济等生态文明理念，倡导保护环境、节约资源的生产生活方式。在这一文明理念的指导下，整个社会逐渐兴起了学习生态文明知识、树立生态文明理念、培养生态文明行为的热潮。这在很大程度上使我国各地社会风气和社会面貌逐步向生态化方向转变，人们生活中各种浪费资源、污染环境的旧俗陋习正在逐渐消失，绿色环保、节能减排的良好社会氛围正在形成。而良好的社会风气和社会面貌对生活其中的人们具有积极的引导作用。由于人是社会化的动物，每个人的生活不仅要与自然环境进行物质与能量的交换，而且需要在社会环境中与其他人进行信息与思想的交流。社会上的主流思想观念、文化氛围和公众的行为方式都会对个人的思想与行为产生一定的影响。因此，生态化的社会环境作为一个更大的人文环境系统在无形中会影响到人们的思维方式与行为方式，从而为社会成员树立正确的生态文明观念营造良好的社会氛围。这些都与国家通过各种形式展开的社会生态文明教育具有直接关系。

其次，与学校生态文明教育与家庭生态文明教育相比，社会生态文明教育的受众对象最多。这可以在更大范围上满足社会成员接受生态文明教育的客观需求。随着社会的发展，社会教育的对象日益扩大，几乎包括社会所有年龄阶段的成员。社会生态文明教育可以通过少年宫、夏令营、冬令营等为青少年开展生态科技宣传、环保技术展示、保护地球绿色之旅等活动。城市中的科技馆、博物馆、图书馆等均可以采取丰富多彩的形式向市民进行生态文明知识与理念的宣传普及。越来越受到社会重视的"在职充电"、老年大学也可以把适应社会发展的生态理念融入其中。中老年人在增长知识、娱乐身心的同时，也培养了他们节能环保的生活理念。同时，目前各种生态环保团体和网络媒体也可以通过各种方式与手段向人们传授节约资源、保护环境等方面的生态知识。此外，电视台和报纸杂志还可以为观众和读者专门开辟丰富多彩的环境教育栏目，以拓展人们获取生态文明知识的渠道。这些都说明社会生态文明教育能够在更大程度上满足社会成员接受教育的需要。

最后，社会生态文明教育方式丰富多彩，可以满足不同人群的不同受教育需求。对于老年人来说，看报纸、听广播及各种保健讲座更适合他们的需要，也更能调动老年人的积极性，激发他们追求绿色生活的热情；对于需要工作的在职人员来说，计算机、手机等多媒体网络更能吸引他们的兴趣，也能为急速、海量的相关教育信息提供现代化的传播途径；对于青少年儿童来说，把环保与生态理念融入动画片、网络游戏和各种服饰设计是较好的社会宣教方式，这样能够使孩子在自己感兴趣的活动与事物上无形地接受生态文明理念。总之，社会生态文明教育为不同兴趣爱好和个性化需要的受众提供了各种各样的教育方式，可以大大推进生态文明理念在全社会的牢固树立，促进社会生态文明氛围的形成。

（二）社会生态文明教育的方式

在社会生态文明教育过程中，宣传教育的方式多种多样，除了学校教育与家庭教育中常用的教育方式外，所有融入人们生活、对社会成员具有生态文明教育意义的行为均属于社会生态文明教育范围，如上文提到的通过图书馆、主题活动、电视节目等方式。除此之外，当前社会生态文明教育的主要方式有以下几种：社会宣传教育、国家生态文明教育基地建设、生态旅游和生态环保志愿者活动，等等。

1. 社会宣传教育

开展有关生态文明的社会宣传活动，可以有效丰富和巩固公众的生态文明知识，强化生态文明意识，加深生态文明情感，增强人们的生态责任感。社会宣传教育主要是综合运用媒体宣传、活动宣传和文艺宣传等多种方式，向公众传播生态文明知识、灌输生态文明理念。这种宣教方式可以发挥生态文明建设过程中先进典型的引领作用，也可以发挥活动宣传擅长说理分析的优势，同时能把生态文明的基础知识、生态文明的科学理念融入干部群众喜闻乐见的文艺影视作品及文艺演出中，有效改进宣传形式，丰富宣传载体，尽可能做到贴近群众，贴近实际，进而不断增强宣传教育活动的实效性。

社会宣传教育的重要方面是建立健全生态文明建设新闻发布制度，充分发挥媒体的宣传作用，掌握舆论导向，加大各种宣传媒体的舆论影响。可以充分利用互联网、手机、报纸、电视、广播等大众媒介的社会宣传功能，开设生态文明教育专栏，定期为人们进行环境、资源、生态等方面的知识宣传与理念灌输。可以在报纸、期刊上设置生态文明教育板块，征集刊登与生态文明相关的优秀文作、摄影作品，也可以拍摄生态文明专题宣传片、微电影、公益广告，并将其投放到网络以及各大电视台，包括出租车、公交车中的移动电视节目中，全面开展公益性生态文明教育宣传活动，增强生态文明理念在全社会的传播力度，促进生态文明理念普及化、大众化。当前，尤其要高度重视和充分运用网络媒体，发挥其高速高效和共享共用的优势，打造新的宣传教育平台。在政府、企业、学校、乡镇等网站，微信和微博等平台增设生态文明宣传专栏，并增设网民意见反馈窗口。同时，要充分利用主题活动和公共场所对社会公众进行生态文明宣传教育。利用展览馆、文化馆、美术馆等科普场所，以科普的形式传播生态理念，开展生态文明主题教育活动，如"绿色出行""低碳生活"科普展览、生态文明科普大讲堂等。还可以开展"生态文明下乡"活动，以农民喜闻乐见的方式向农民传播生态文明理念，在公共场所通过图片、宣传栏及户外 LED 宣传屏等普及宣传日常生活中与居民密切相关的生态环保知识，传播生态文明理念。

2. 国家生态文明教育基地建设

国家生态文明教育基地是建设生态文明的示范窗口，是面向全社会的生态道德教育与生态科普基地。在全面推进生态文明建设进程中，创建国家生态文明教育基地是贯彻落实科学发展观，促进人与自然和谐，大力传播和树立生态文明观念，提高全民的生态文明意识的重要途径和有效措施。对于充分发挥窗口示范作用，普及全民生态知识，增强全社会生态意识，推动生态文明建设具有十分重要的现实意义。

风景名胜区、自然保护区、森林公园、湿地公园、学校、自然博物馆与青少年活动中心等是实施生态文明教育的重要场所。在这些地方可以开发丰富的教育资源和优美的生态景观资源，创建一批具有教育价值与旅游审美意义的生态文明教育基地，借此开展各种富于生态文明教育意义的活动，吸引社会公众主动参与其中，可以有效提升生态文明教育基地的教育作用。为了使国家每年评选出的生态文明教育基地在实践中更好地发挥对社会公众的宣传教育作用，还应从以下方面进一步开展工作。

一是要大力开展生态文明观教育活动，引导公众树立科学的生态文明理念，在整个社会营造良好的生态文明氛围。二是要在全社会广泛开展有关生态文明的各种科教宣传活动，从生活方式、生产方式及消费方式等方面引导人们的行为方式向生态、低碳、环保的方向转变。三是要积极开展生态道德教育活动，引导人们从伦理道德的层面认识人与动物、植物乃至各种自然存在物的关系，把人与自然的关系纳入道德范畴更能使公众以尊重、爱护的态度对待自然界的一草一木。四是要广泛开展生态文明教育普法宣传，使公众明确对待动植物及各种自然资源的行为哪些是违法的，哪些是值得提倡的。知法、懂法才能发挥法律法规对公众行为的约束规范作用。五是要积极举办各种亲近自然、感受自然的审美体验活动，让社会成员在与大自然亲密接触的过程中领悟美的真谛，陶冶美的情操，从而使其更加懂得珍惜自然、爱护环境。

3. 生态旅游

国际生态旅行协会把"生态旅游"概括为：是对自然生态资源起保护作用，并对本地群众生活水平不构成破坏的一项旅行活动。这一活动理念的核心是对自然生态友好，并且能够促使其持续发展。同时，生态旅游是把生态环境作为主要景观的旅游，以可持续发展为理念，以保护生态环境为前提，以统筹人与自然和谐为准则。这种旅游方式凭借优美丰富的生态环境以及富有魅力的人文景观，感染和熏陶广大游客欣赏自然之美、崇尚自然之道的情怀。随着人们生活水平的提高，出门旅游观光越来越成为普通人的休闲消费方式。因此，把保护自然环境、维护生态平衡的理念融入人们的旅游活动，通过生态旅游教育游客树立尊重自然、顺应自然的文明意识不失为社会生态文明教育的一项重要措施。生态旅游可以使游客通过对各种旅游资源的友好尊重与欣赏保护，陶冶情操、愉悦身心，以增强对大自然的理解与敬重，使人们在亲近自然、融入自然的过程中接受良好的生态文明教育。生态旅游与非生态旅游的主要区别就是要在获得经济效益、愉悦游客身心的同时，教育游客保护环境、热爱自然，树立生态忧患意识与责任意识。生态旅游不仅为人类提供亲近自然、认识自然的机会，满足游客求知的高层次的需求，而且促使人们重视生态环境的建设和恢复，帮助人们增强环境保护意识，是进行生态文明教育的重要途径。同时，生态旅游可以实现经济效益、社会效益和生态效益三者的有机统一。

充分发挥生态旅游对广大游客的教育作用需要在以下几个方面进行努力。首先，通过职业导游解说，使游客在了解自然风光的历史与魅力的同时，增强其环境保护意识。针对不同类型的旅游资源，解说内容应该具有针对性与客观性。大致可以体现在气候状况、生态环境、水土保持、生物多样性、地质地貌、特色动植物等方面。其次，旅游主管部门应明确教育的导向性与主题内容，要紧密结合景区的生态环境与自然资源。生态旅游活动的开展可以通过寓教于乐、寓教于游等多种方式开展，让游客在轻松愉快的气氛中潜移默化地接受教育。例如，可以开展环境灾变与治理科学考察、生态科普园展览、地质地貌遗迹识别、野生动植物识别、生态保护志愿者夏令营活动等。最后，还可以通过展览、讲座、出版物、大众传媒等方式，广泛开展生态环境资源保护宣传活动，使游客深入了解自然界的美及其对人类的价值，树立起保护自然、爱护旅游资源的正确观念，让"资源环境有价、发展生态旅游"的观念深入人心。

4. 生态环保志愿者活动

生态环保志愿者是利用业余时间自愿从事生态环境保护和社会宣传而不求回报的社会

个体。生态环保志愿者多以特定主题（如关爱母亲河、低碳生活、保护森林等）而自发或有组织地采取实际行动，来倡导和践行保护生态环境、合理利用资源等文明理念，同时把其主张和措施向社会公众进行宣传普及。当前我国生态环保志愿者多以组织或半组织的形式在学校、社区及社会公共场所开展各种实践和宣传活动。环保志愿者开展活动一般以统一的宣传服饰和显著的目的性向社会公众表明其保护环境、节约资源的决心与意图。他们在身体力行节能环保的同时，也向社会进行了有力的生态文明理念宣传，为社会形成良好的生态文明氛围树立了良好榜样。随着资源短缺、环境污染等生态问题严重性的加剧和人们环保节能意识的增强，越来越多的有识之士加入生态环保志愿者的行列，在全社会广泛开展各种义务宣传活动，向社会公众宣扬绿色出行、低碳生活、爱护动物、善待自然等文明理念，为生态文明理念在全社会的传播与普及起到了积极的推动作用。不少高校大学生环保志愿者自发组织到各大旅游景区义务捡垃圾、维护游客秩序，用实际行动告诫游客要维护公共卫生，爱护各种旅游资源，做生态文明游客。还有些环保志愿者自发组织在黄河沿岸开展"关爱母亲河"实地调查水质污染与宣传活动。这些活动在增强他们自身社会实践能力的同时，也使其获得了第一手的实验数据，更重要的是把节约用水、拒绝污染等理念传播到了黄河两岸及全社会。此外，还有一些生态文明素质较高的社区老年环保志愿者自发组织起来走向街头，向人们宣传低碳生活、节约水电及绿色出行等环保理念和生活常识。

充分发挥生态环境志愿服务活动对生态文明理念的宣传与教育作用，需要国家相关部门，特别是教育、环保部门和社区服务机构等给予积极的鼓励、支持及正确的引导和管理，以便在更大程度上发挥其教育作用。一方面，国家相关部门要制定支持志愿者活动与服务的政策规定，为其提供必要的制度保障和开展活动的基本条件。另一方面，对于环保志愿者的活动内容、活动方式和活动场所，相关部门应该进行必要的审查，以利于志愿者更好地开展活动。同时，国家还可以通过电视和网络媒体等大力提倡社会公众积极参与生态环保志愿服务活动，以扩大环保志愿者队伍，使生态环保宣传教育的覆盖面更宽、影响力更大。

（三）社会生态文明教育的特点

社会生态文明教育与家庭生态文明教育、学校生态文明教育相比，具有教育对象的广泛性、教育形式的多样性、教育内容的现实性、教育价值的导向性以及参与主体的群众性等特点。

1. 广泛性

从教育的受众范围来看，社会生态文明教育具有对象的广泛性特点。无论是家庭生态文明教育，还是学校生态文明教育，受教育的对象一般都是儿童和青少年学生，而社会生态文明教育的教育对象，不仅包括儿童和学生群体，而且可以辐射到社会的所有成员。社会教育最能体现生态文明教育对象的广泛性，即社会成员不受性别、年龄、职业等限制，都应该受到相应的生态文明教育。我国大教育家孔子所说的"有教无类"，就是说社会上的所有人不分类别都应该接受教育。对所有社会成员来说，接受一定的生态文明教育既是个人的权利更是个人应尽的义务。我国《宪法》规定，"中华人民共和国公民有受教育的权利和义务"这里所说的教育，既指学校教育，也指家庭教育和社会教育。教育是全民的事业。可见，接受各种形式的社会生态文明教育是全体社会成员的权利和义务。

2. 多样性

从教育方式与手段来看，社会生态文明教育具有多样性特点。家庭生态文明教育多是靠家长的言传身教与榜样示范对孩子进行教育，学校生态文明教育主要是通过课堂教学向学生灌输有关生态文明的知识与理念，相比之下，社会生态文明教育在教育方式与手段上更具灵活性与多样性。除了上文提到的以网络媒体为主的社会宣传、国家生态文明教育基地建设、生态旅游教育方式之外，社会生态文明教育还可以充分利用民间环保组织开展的各种宣教活动，向社会公众宣传生物多样性、低碳生活、节约资源等生态理念。同时，社会生态文明教育还可以通过与生态文明相关的影音资料、实践参观、文艺展演、寓教于乐等形式来进行。此外，还可以通过举办生态文明教育专题咨询、生态文明教育公益讲座等便于公众接受的教育方式来开展生态文明教育。

3. 现实性

社会生态文明教育的现实性是指生态文明教育的内容一般都贴近生活、贴近实际，多与人民群众的日常生活息息相关。如在大城市通过多媒体或者宣传栏向市民推广家庭节电、节水技术常识，这样可以抓住广大市民节约家庭开支的心理，在向民众传授技术知识的同时，也无形中促使广大市民养成了节约资源的习惯，面对近年来日趋增多的灰霾天气，中老年人和患有呼吸道疾病的人对这一问题非常关注，因为这影响了他们的正常生活。鉴于此，社会教育宣传部门可以通过电视、报纸、讲座的形式向社会公众讲授灰霾的成因与防治技巧，通过媒体的广泛宣传，倡导公众绿色出行，尽量减少碳排放。此外，从为农民创收增效、发展绿色农业的角度开展生态农业"三下乡"活动，向广大农民传授科学施肥、喷药技术，让其了解如何在保持土壤肥力、降低农产品药物残留的基础上增加收入。这样可以使农民在增长知识、获得实惠的同时,保护了农村生态环境,也为人们奉献了绿色无公害的农产品。显然,教育内容的现实性是生态文明教育能够深入社会、走近群众,为社会成员所接受的重要条件,也是社会生态文明教育得以顺利开展,取得实效的基本保障。

4. 导向性

社会教育通过媒体传播、大众文化等方式为社会成员创造一定的舆论环境和社会文化氛围,从而在潜移默化中引导社会成员崇尚某种观念,培养某种精神,追求某种知识,形成了一定的教育导向。积极的、健康的教育导向对社会成员起着良好的教育、引导作用。社会生态文明教育的目的就是要在社会领域通过媒体宣传、舆论影响等方式向社会成员灌输节约资源、保护环境的知识,使人们认识到只有处理好人与自然的关系,尊重自然、顺应自然才能实现人类社会的永续发展。近年来,灰霾天气增多、河流污染加剧、物种数量锐减、癌症频发等现象,在很大程度上来说,这是大自然对人类的报复行为。在这种形势下,社会生态文明教育通过各种方式警醒世人深刻反思自身的各种非生态行为,帮助公众在提高个人生态文明素质的基础上树立科学的生态观,形成生态化的行为习惯正是当前应该极力推崇的价值理念。

5. 群众性

社会生态文明教育的对象不仅具有包括所有社会成员的广泛性,其参与主体还具有明显的群众性特点。社会生态文明教育主要面向广大人民群众,其教育内容、教育形式和教育场所等无不体现出与群众的生产、生活密切联系的特点。这也是充分调动广大社会群众积极参与生态文明理念学习与实践的有利条件。没有或缺少群众广泛参与的社会生态文明教育难以取得成效。可见,积极有效的群众参与是社会生态文明教育取得实效的重要保障。同时,在广大群众积极参与生态文明教育学习和实践的过程中,人们可以相互学习、相互促进,还可以带动更多的人加入生态文明理念的学习和践行之中。因此,社会公众在积极参与生态文明教育的过程中可能既是教育对象,同时也是教育者,这种教育主客体角色重叠的现象也是社会生态文明教育群众性的一种表现。

第二节　生态文明教育的实施方法

所谓方法,就是人们为了认识世界和改造世界,达到一定目的所采取的活动方式、程序和手段的总和。方法作为人的自身活动的法则，首先表现为人活动的中介因素；其次方法服务于人的目的，活动的目的总是和任务联系在一起的；再次方法和理论是联系在一起的；最后方法是人类思维活动的产物。生态文明教育方法就是为了尊重自然、保护环境以及协调人与自然的关系，在对人们进行生态环保知识宣传和教育的过程中，所采取的教育活动方式、教育程序和教育手段的总和。简言之，生态文明教育方法就是生态文明教育过程中教育者对受教育者所采取的思想方法与工作方法，它承担着传递生态文明教育内容、实现生态文明教育目标的重要使命。因此，为了提高生态文明教育的实效性，有必要对教育方法进行深入探讨。

一、生态文明教育方法的重要意义

科学有效的方法可以使工作效率大大提高，事半功倍，而不讲究方法的科学性会使工作难度倍增，事倍功半。生态文明教育方法，对于实现生态文明教育目标、完成生态文明教育任务以及增强生态文明教育的实际效果具有重要意义。具体说来，生态文明教育方法的意义主要体现在以下三个方面。

首先，生态文明教育方法是实现生态文明教育目标的重要手段。人类与动物的区别之一，在于人具有意识和自我意识，在于人类的全部活动具有目的性，同时，也在于人类具有选择合适的方法去实现自己目的的能力。能否自觉选择和运用生态文明教育的科学方法，是能否实现生态文明教育目的、完成生态文明教育任务的关键。在整个生态文明教育过程中，不善于选择和运用方法，不讲究方法的科学性和有效性，完成生态文明教育任务就会费时费力，实现生态文明教育的目标也将比较困难。因此，科学有效的教育方法，对生态文明教育目标的实现具有关键性作用。

其次，生态文明教育方法是教育者与受教育者互动的纽带与桥梁。在生态文明教育过程中，教育者与受教育者是人的因素，而方法是中介性因素。生态文明教育过程的有效推进，不仅取决于教育者的教育活动，而且取决于受教育者在教育者指导下的学习接受情况。换言之，成功的生态文明教育活动以教育者与受教育者之间的良性互动为基础。我们只有选择那些符合人的身心发展特点与品德形成规律的科学方法，才能在教育者和受教育者之间建立起融洽、协调的互动关系。可以说，生态文明教育活动的科学组织、有效运作以及预期教育效果的获得，都离不开生态文明教育方法的纽带和桥梁作用。

最后，科学的生态文明教育方法是增强生态文明教育成效的重要条件。科学的生态文明教育方法，要以遵循生态文明教育规律为前提，要充分结合教育对象的综合素质现状和行动特点，还要充分考虑教育对象现实生活中的各种因素对人的生态道德发展以及生态文明教育活动所产生的影响。只有这样选定的教育方法，才能切合实际、行之有效。而教育方法一旦选定，就在某种程度上决定了生态文明教育活动的教育方向，就为生态文明教育获得实效提供了重要条件和必要保障。生态文明教育目的的实现和任务的完成，主要靠生态文明教育的实际教育效果来体现，而有效的生态文明教育是借助科学的教育方法来实现的。如果教育方法选择不当，生态文明教育就可能事倍功半、劳而无功；如果选择的方法错误，还可能误导教育对象而造成不良影响。由此可见，是否选用科学实用的教育方法，直接关系到生态文明教育效果的优劣。

二、生态文明教育的主要实施方法

生态文明教育活动形式多样，与其相关的具体教育方法也是同样种类繁多。对于学校生态文明教育、家庭生态文明教育和社会生态文明教育来说，由于各自的特点不同，其具体教育方法的选择与应用也有所区别。但有些教育方法可以通用，而有些则是仅适用于特定教育模式。生态文明教育的方法很多，限于篇幅，本书主要介绍以下几种比较重要且常用的方法，包括灌输教育法、利益驱动法、自我教育法、环境熏陶法、网络宣传法、榜样示范法。

（一）灌输教育法

灌输教育法是家庭教育与学校教育中最常用的教育方法，在各层次的正式教育中起着主导作用。对生态文明教育来说，灌输教育法就是教育实施者有目的、有计划地向受教育者进行生态环保知识与理念的传授，引导受教育者通过对所学知识的吸收和转化树立正确的生态价值观，从而提高教育对象的生态文明素质的教学方法。

灌输教育方法根据不同标准可以划分为不同的类型。依据教育范围来分，可分为普遍灌输和个别灌输；依据教育途径来分，可分为自我灌输和他人灌输；依据教育形式划分，可分为文字灌输和口头灌输。具体来说，在生态文明教育教学中常用的灌输方法有：讲解讲授、理论培训、理论学习、理论研究、宣传教育等。而灌输理论中最常用的方法就是讲解讲授法。这一方法在生态文明教育中的应用也最为广泛，即教师等教育主体通过语言方式向学生或其他教育对象传授有关节能环保、人与自然关系方面的理论知识与价值观念，使受教育者增加对生态环保和生态文明的认知和了解。这种方法主要是通过摆事实、讲道理、以理服人，从而促进生态文明理念深入人心。但在讲解讲授的教学过程中最好采取启发式教学，这样可以有效调动教育对象的积极性。同时，讲解内容要正确、全面、系统，循序渐进地进行，而不可填鸭式、注入式地机械输入。理论培训主要是以有组织有目的地开展讲习班、培训班的方式，向学员传授生态伦理知识与环境资源知识的一种综合灌输方法，这种方法具有学习人员集中、讨论问题集中、学习内容集中的优势，可以加深人们对生态环境伦理的认识，有利于学员相互交流、相互学习。理论学习是人们通过有组织、有计划地集体学习或个人自觉学习来掌握一定的生态环保和生态伦理知识的自我灌输方法，主要通过文字灌输的方式。理论研究主要是通过集中探讨与深入研究的方式对生态环保知识及人与自然间的价值理论进行教育与学习的方法。宣传教育是运用大众传播媒体向人们灌输生态环保和生态伦理知识的一种形象灌输方法，这一方法覆盖面大，影响范围广，具有持续、强化的教育效应。

需要指出的是，为了提高灌输方法在实践中的效果，在具体运用这一方法时要讲究其科学性与艺术性，具体来说应该注意以下几点：一是灌输方法的重点不要拘泥于形式，而要以实际情况和效果为准；二是运用理论灌输教育法一定要与实际相结合；三是生态文明教育者必须首先接受教育。灌输教育法在学校生态文明教育、家庭生态文明教育与社会生态文明教育中均可运用，但在学校教育中的应用更多。

（二）利益驱动法

利益驱动法就是在生态文明教育过程中，利用奖惩的办法对那些生态文明意识较强，并且能够自觉爱护自然、保护环境的人们实施一定的奖励；对那些生态文明意识较差，且有浪费资源、破坏环境行为的人们进行一定的惩罚。这种教育方法，在生态文明教育过程中具有较强的实效性和实用性。

利益驱动教育法主要有物质利益驱动和精神利益驱动两种方式。物质利益驱动方式就是以物质的形式奖励那些具备生态文明意识、自觉爱护自然、保护生态环境的个人或部门。同时，以物质的形式惩罚那些生态文明意识淡薄，有污染环境、破坏生态行为的个人或部门，以此来督促人们要培养生态文明意识，养成良好的生态文明习惯。精神利益驱动方式就是对那些具有较强生态文明意识，且能主动自觉爱护自然、保护生态环境的个人或部门给予一定的精神鼓励，如授予"生态环境保护先进工作者"荣誉称号、颁发"生态公民"荣誉奖章等。同时，对那些生态文明意识较差，故意破坏环境、浪费资源的个人或部门给予一定的精神惩罚，如实行"亮红牌""挂黑旗"、媒体曝光等形式以督促他们自觉树立生态意识，积极践行绿色发展理念。

但是，在运用利益驱动教育方法时，一定要把握奖惩的幅度。从奖励方面来看，无论物质奖励还是精神奖励，必须掌握适度的原则，否则，不仅不利于生态文明教育的推进，反而可能增加生态文明教育的成本。从惩罚方面来看，无论是物质惩罚还是精神惩罚，同样要把握好适度的原则，要根据受惩罚的个人或部门的承受能力和对生态环境的破坏程度，科学合理地制定和采取惩罚措施，本着"惩罚适度、教育为主"的原则，给予相关个人与部门一定的经济或精神惩罚，从而刺激当事人自觉做生态文明理念的积极践行者。这种教育方法在社会生态文明教育与家庭生态文明教育中应用得更多，更能发挥其教育效果。

（三）自我教育法

自我教育，顾名思义就是指自己教育自己，即教育主体与教育客体是同一个人。生态文明教育中的自我教育是指广大社会成员在相关教育要求与目标的指引下，通过自我修养、自我反思、自我学习等方式，自觉地接受先进的环保理论、科学的生态知识和文明的行为规范，不断提高自我生态文明素质的一种教育方法。自我教育在生态文明教育中之所以重要，主要是因为生态文明教育活动对个人的影响只是一种外因，而任何教育活动只有通过受教育者积极主动的内化活动，才能产生巨大作用。从这一意义上来说，生态文明教育的效果优劣主要取决于受教育者自我教育的状况。运用自我教育的方法，不仅有利于受教育者自我学习能力的培养，而且也能促进受教育者更加主动地参与各种生态文明教育实践活动，以保证生态文明教育目标的顺利实现。

从自我教育参与人数的多少及教育范围的大小来分，这种教育方法主要有集体自我教育与个体自我教育两种形式。集体自我教育是以某一特定集体为单位，通过集体成员之间的相互影响、相互促进、相互激励，使单位成员之间在相互教育的基础上实现自我教育，在日常操作中可以针对环境资源等现实生态问题，以演讲会、辩论会、讨论会、民主生活会和知识竞赛等形式开展。个体自我教育就是社会成员个人通过书籍、视频、社会活动等方式自觉提升自我生态文明素质。自我教育的通常表现有自制、自律、自学、反省等。

在运用自我教育方式进行生态文明教育的活动过程中，必须明确一点：自我教育并不完全等同于个体自己的学习活动，并不意味着一点也不需要外在的教育者。恰恰相反，在生态文明教育的过程中应用自我教育方法，更应该强调教育者的引导与启发作用。这是因为大多数教育对象本身并不具备完全自觉、自主等学习能力。在生态文明教育实践中运用好自我教育方法应该注意以下几点：首先，要善于唤醒教育对象的自我教育意识，科学运用利于教育对象自我教育的各专业要素；其次，在全社会积极营造良好的自我教育氛围，为广大社会成员创设进行自我生态文明教育的有利环境；最后，应该把个体自我教育与集体自我教育相结合，要充分发挥集体学习的向心力与凝聚力，以形成健康、和谐的群体学习氛围，增强集体自我教育的效果。同时，生态文明教育施教者应该在开展集体自我教育的基础上，引导广大社会成员进行个体自我教育，帮助个体自我调整和控制自己的生态文明行为，逐步形成良好的生态文明行为习惯。自我教育法更适合于社会生态文明教育中的成年人和学校教育中的高年级学生，因为这种学习方法需要一定的知识基础和自制能力。

（四）环境熏陶法

所谓环境熏陶法，就是生态文明教育者利用一定的生态环境或生态氛围，使受教育者亲身感受、身临其境，并且在不自觉的情形下，受到熏陶和感化而接受教育的一种方法。与其他教育方法相比较而言，它不仅具有生动、形象的特点，更具有一种浓厚的情感色彩。从教育对象角度分析，环境熏陶法比较适合于对青年学生的生态文明教育。环境熏陶对人的教育影响分为顺向熏陶影响和逆向熏陶影响，其中，前者是指受教育者对熏染体产生亲和、喜悦的情感，并无意识地接受了熏染体所传达的教育内容的过程；而后者是指当受教育者在受到熏染体熏染时，对熏染情感产生对立、潜意识抵抗或有意识排斥熏染体影响的过程。因此，在生态文明教育过程中，必须促使受教育者同教育者提供的熏染教育产生情感共鸣，尽量争取顺向熏染，防止逆向熏染的出现。

运用环境熏陶法开展生态文明教育，目的就是要调动情感的力量，增强生态文明教育的吸引力、感染力，以博得受教育者的情感认同，从而取得良好的生态文明教育效果。根据环境熏陶教育法的活动方式和熏陶内容的不同，可将其分为形象熏陶、艺术熏陶及群体熏陶三种类型。形象熏陶指的是生态文明教育者用生动形象、较为直观的事物形态与反映现实的生态环保典型事例来影响受教育者的情感精神，帮助他们理解和认同生态文明教育理论的一种教育方式。不仅包含身临其境、参观访问、实地考察的情景熏陶，也包含现象观察、实物接触、图片观看的直观熏陶，还包含同人物亲身交谈，在举止言谈中潜移默化受到的教育影响。艺术熏陶指的是生态文明教育者通过文学、音乐、美术、舞蹈、戏剧、电影、电视等有关生态环保方面艺术作品的欣赏活动、创造活动以及评论活动，以影响和感化受教育者的一种生态文明教育方式，它以欣赏艺术的美，发展受教育者的想象力和创造力为目的，在培养人们鉴赏能力、审美观点的同时，促进受教育者逐步树立生态环保意识和生态伦理价值观。在进行艺术熏陶时，必须做到：一要培养受教育者欣赏的兴趣；二要培养和提高受教育者的鉴别能力；三要激发受教育者强烈的情感反应。群体熏陶是指在一个群体中，受熏染体熏陶的各个个体之间相互作用、相互影响的一种状况或一个过程。个体在群体中所受熏陶的程度是弱还是强，关键在于个体和群体受熏染的方向是否一致。如果个体与群体受熏染的方向一致，个体受熏陶的程度就比较强烈；反之，如果个体与群体受熏染的方向相悖，那么，个体受熏陶的程度就会削弱。这种教育方法比较适合在家庭生态文明教育与学校生态文明教育中应用。

（五）网络宣传法

网络宣传法就是指教育者运用互联网广泛宣传和普及生态环保知识，以实现对受教育者进行教育的一种方法。网络宣传完全不同于其他传统媒体的宣传，这是因为网络信息传播的速度具有即时性及信息资源的海量性特点，只要将生态环保知识与相关文明理念按照网民的搜索习惯及其兴趣提供给广大网民，就可以使信息迅速、大量传播，让生态环保知识在最短的时间内遍布互联网，走进广大网民的视野，进而达到引导广大网民树立节能环保意识和生态文明理念的目的。

网络宣传方法种类繁多，从目前来看，主要的网络宣传方法有搜索引擎排名法、交换链接法、BBS 信息发布法[①]和网络广告宣传法等。其中，搜索引擎排名法是指在主要的搜索引擎上注册并获得最理想的排名，从而达到对生态环保知识与理念进行广泛宣传的方法。生态环保知识在网站正式发布后，应该尽快提交到 Google、百度等主要的搜索引擎网站。如果在搜索引擎网站中搜索有关生态文明知识，这些生态环保知识的网站可以排名在搜索引擎的第一页，那么只要通过搜索引擎就能够不断地提高宣传网站的浏览量，从而可以增强生态文明教育的宣传力度、强度与广度。交换链接法是各个网站之间利用彼此的优势而进行的简单合作。具体来说，就是分别将对方的 LOGO 或文字标志设置成网站的超链接形式，然后放置在自己的宣传网页上。当然，对方也会在网站上放置自己的超链接来作为回报。因此，用户能够通过合作的网站找到自己的网站链接，从而达到一种彼此宣传的目的。具体到生态文明教育网站来说，就是要将生态文明教育网站与各大网站建立超级链接，从而达到宣传生态环保知识理论的目的，BBS 信息发布法是一种时效性很强的方法，具体是指在论坛发布有关生态文明知识的宣传信息，同时需要时时在生态文明教育网站上发帖子或进行维护。网络广告宣传法就是在用户浏览量较大的网站或者较大的门户网站宣传生态环保的理论知识，这种方法通过直接增加网站的用户浏览量进行宣传。例如在雅虎或网易的网站首页设置一些关于生态文明知识的教育和宣传方面的网站链接，此举一天带来的浏览量就相当可观。可以说，这种网络宣传方法是见效最快、覆盖面最广的，当然，这也需要一定的成本。

总体上来说，网络宣传法相对于其他教育方法具有一定的优势：一是网络宣传具有多

---

① BBS 全称 Bulletin Board System，中文意思为"电子公告板系统"，一般是指网络论坛，是一个和网络技术有关的网上交流场所；BBS 被泛指网络论坛或网络社群。BBS 的特点：信息量大、信息更新快、交互性强。

维性，图、文、声、像相互结合，可以大大增强对生态环保、生态文明的宣传实效；二是网络广告拥有最具活力的受教群体，以青少年为主的广大网民是生态文明宣传教育的重点对象；三是网络广告制作成本低、见效快、更改灵活，便于调整生态文明教育计划及其内容的替换与推广；四是网络广告具有交互性和纵深性，可以跟踪与衡量生态文明教育宣传效果；五是网络宣传具有范围广、时空限制弱、受众关注度高的特点；六是网络宣传具有可重复性和可检索性。这种教育方法特别适合社会生态文明教育中的成年人，当然，凡是上网的网民都可以接受这种网络宣传教育。

（六）榜样示范法

所谓榜样示范法，就是为了提高广大民众对生态文明方面的思想认识、规范他们生产生活中的行为，教育者通过一些在生态环保方面的典型事例或表现突出的榜样来感染影响教育对象，以达到一定的示范作用的教育方法。事实证明，大多数人类行为是通过对榜样的模仿而获得的。人生的榜样、道德的榜样，是人们生活世界里不可或缺的重要元素。榜样示范法作为一种重要的教育方法，在生态文明教育过程中具有重要的社会带动作用。"榜样的力量是无穷的，先进典型具有强大的说服力。好典型、好榜样对广大群众来说，是非常现实、十分直观的教育和引导，是激励鞭策人们努力进取的直接动力。在我们这个社会里，人们都有不甘落后、积极上进的自尊心和责任感，只要广泛开展学先进、赶先进的活动"，就能够有效调动和发挥人们践行生态文明理念的积极性和创造性。此外，榜样模范的先进事迹和光辉思想，是一种无形的教育力量，是推动广大社会成员模仿学习的重要动力，它可以使生态文明教育更贴近生活、更具有说服力和感染力。

在具体运用这一教育方法时，对于榜样人物与事迹的选择应注重其典型性。在生态文明教育的过程中，榜样模范的习近平生态文明思想及其行为容易迅速吸引人们的注意；榜样的权威性、可信任性、吸引人的程度以及与教育对象之间的相似程度等个人特质，都会影响榜样示范的效果。无论是个人或集体典型，还是通过其他形式塑造、呈现出的榜样形象，都应该具有可学性、易辨性、可信任、权威、有吸引力等基本特征，这也是榜样示范法的客观要求和科学基础。除此之外，在实践操作中，采用榜样示范教育还需要教育者遵循以下四点具体的要求：一是榜样的选择必须实事求是，不能任意抬高、夸大其词；二是为了让生态文明教育更能打动人心，达到最佳的效果，需要尽可能地让榜样人物以现身说法的方式进行教育；三是开展关于生态文明的榜样示范教育可以选择和运用多种方式和途径，以强化示范效果；四是要善于通过反面典型和事例来威慑、警示和劝阻公众，尽可能避免破坏环境、浪费资源的现象发生。也要充分利用正面的先进典型事例，发挥其巨大的社会影响力，以带动广大社会成员积极践行节能环保、珍爱自然的文明理念。榜样示范法更适合社会生态文明教育与家庭生态文明教育。

三、生态文明教育方法的运用要求

在生态文明教育过程中，要根据生态文明教育目标的不同要求、教育内容的不同特点以及教育对象思想与行为的不同特点等具体情况，采用相应的方法。在具体选择和运用生态文明教育方法时，需要遵循以下原则要求。

（一）注重针对性原则

所谓针对性，就是从生态文明教育的实际出发、有的放矢，针对不同的教育任务，采用不同的教育方法，解决不同的教育问题。也就是要求生态文明教育方法的运用要合乎生态文明教育过程的客观规律，合乎人的生态文明思想形成和发展规律，这是生态文明教育科学性的重要体现。要有针对性地运用生态文明教育方法，为此，应该做到以下几点。

①必须依照生态文明教育的目的、任务以及具体内容选择和运用教育方法。为了实现生态文明教育的目的、完成提高全民生态文明素质的任务，在实施生态文明教育的过程中必须采用一定的方法和手段，而这些方法又受到任务和目的的制约与支配。在教育教学实践中，具体的生态文明教育目标和任务要求教育者依靠特定的方法来开展教育。而只有所选方法适应了具体的教育目标和任务，才能显现出其独特的效果。根据生态文明教育目标和任务去选择和运用教育方法，也是教育目标和任务与具体的教育方法的辩证关系的要求体现，具有合规律性与合目的性相统一的特征。

②必须针对生态文明教育对象的具体特点来选择和运用教育方法。生态文明教育对象具有个体和群体之分，也有职业、年龄、经济状况、文化程度之别。因此，在选用生态文明教育方法时，必须因人而异、区别对待，不仅要考虑生态文明教育对象的家庭环境、个人经历、个性特点、文化程度等因素，而且还要考虑不同的人在生态文明素质水平方面的差异及其社会实践能力方面的不同。

③必须针对具体生态文明教育的热点问题选择和运用不同的教育方法。一定时期表现出来的生态文明教育热点问题，可以反映这一时期人们对待某一生态环保问题的思想状况，也为生态文明教育提供了重要的教育时机。生态文明教育者应该敏锐地抓住生态文明教育热点，正确把握其性质特征，准确判断生态文明热点问题的影响范围和程度，深刻分析引发生态文明教育热点问题的具体原因，以便有针对性地选择和运用生态文明教育方法。

（二）坚持综合性要求

所谓综合性要求，就是指生态文明教育者在实施生态文明教育的过程中，要综合分析生态文明教育体系内部各种要素的特点以及教育环境因素影响的复杂性特点，在此基础上，先后选择和运用多种不同的教育方法，在对比鉴别不同方法各自特点与共性的前提下，对其进行有效整合，最终形成可以为工作任务及教育目标服务的方法体系，从而实现生态文明教育效果的综合性与整体性。尤其是在当今社会，由于人们自身需求的多元化以及人们思想的复杂性，单独使用某一种生态文明教育方法，很难满足生态文明教育的实际需要，因此，必须综合运用多种教育方法，才能顺利完成生态文明教育的任务，达到良好的教育效果。综合运用生态文明教育方法，就是要依照生态文明教育的内容、目的、任务以及生态文明教育的对象、环境条件的不同特点，来选择和运用多种方法，以取得最佳的教育效果。

综合运用生态文明教育方法的关键问题，是在生态文明教育过程中，如何将多种生态文明教育方法进行统筹整合，形成合力，以产生综合教育效果。多种教育方法在生态文明教育过程中，可以按照主从式与并列式、协调式与交替式、渗透式与融合式等综合教育方式进行整合。

（三）遵循创造性原则

创造性地运用教育方法，是人的认识能力、实践能力发展的具体体现。而要做到对生态文明教育方法的创造性运用，必须努力做到以下几点：一要在实事求是、解放思想的基础上与时俱进，使生态文明教育方法的运用体现出鲜明的时代性，自觉探索新方法、研究新情况、解决新问题。现代社会的快速发展往往带来意想不到的、复杂的、新的生态环境问题，客观上要求生态文明教育者要根据时代的变化、生态环境的新情况，不断地创新生态文明教育方法。唯有如此，生态文明教育才能适应现代化建设与发展的需要，也才能适应生态文明教育对象与教育环境的新需求。二要积极吸取和运用现代科学研究成果，创新生态文明教育方法。在生态文明教育的过程中，生态文明教育管理者与实践操作者，都应该积极探索、吸收国内外最新的研究成果，在理论与实践的结合中改进、创新生态文明教育方法，把国内外先进的教学方法合理运用到教育教学的实践中，从而丰富生态文明教育的方法体系。三要积极应用现代科学技术手段，使生态文明教育方法实现现代化。随着现代科技的发展，特别是网络通信技术的飞速发展，以国际互联网为核心的手机、计算机等多媒体通信终端在社会公众日常生活中逐步普及，微信、微博、QQ 等网络软件成为人们日常生活中不可缺少的通信媒介。而这些都可以成为生态文明教育新的载体与手段。教育主体必须掌握这些现代化的通信交流方式，把其科学地运用于生态文明教育的过程中，从而增强生态文明教育的实效性与时代感。

第七章　生态文明教育进学校

第一节　绿色文化是绿色学校的灵魂

校园生态文明建设是以发展学生为本的原则，以下以生态文明教育进大学为例进行说明。

一、大学精神与大学文化

大学精神是一个古老的新论题，古今中外的教育家、教育实践者们孜孜以求的是在大学中创建大学精神，因此关于大学精神的定义也纷繁多样。有人认为大学精神是社会历史发展积淀的产物，是经过长期发展所形成的特有的大学气质，这种气质与大学的发展历史、所处地域、学科设置等因素息息相关，并对青年学生产生巨大影响。还有人认为大学精神是人类普通精神里的一个特殊范畴，人们并不能找到鉴别是大学精神或是人类社会普通精神的标准和边界，只是以大学为着眼点，在大学的发展过程中形成的反映民族精神、时代精神的理想和信念。也有人认为大学精神的形成是特定社会的历史文化传承在大学实践中的体现，大学精神的核心是大学的一种办学理念和价值取向，并体现在大学人的价值观、大学整体的理想和目标、大学核心理念和大学组织信念四个方面。

大学文化也是高等教育者所关注的一个焦点。文化是一个复杂、多义的概念，当前世界上多数学者认为，作为广义的文化，应包括四个层次：一是物质层次；二是制度层次；法律也当包括其中；三是思想、道德层次；四是价值体系层次，而根植于文化最深层次的价值体系，乃是决定文化倾向的核心。按照文化范畴的概念，从广义上讲，大学文化应包括大学精神、大学环境、大学制度等方方面面的整个大学教育，是比大学精神更大的一个范畴，而大学精神是大学文化的核心和精神支柱。从狭义上讲，大学文化即为大学精神和大学理念。在这里，我们是从广义的角度来探讨绿色文化的。

二、绿色大学精神与绿色大学文化

每所大学都有其独特的精神和文化。对于提出建设绿色大学的大学而言，应该在大学精神和大学文化方面体现绿色，逐渐形成绿色大学精神和绿色大学文化。

绿色大学精神可以理解为绿色大学倡导的理念，即以引领绿色文明为宗旨，传承绿色文化为己任，培养当代生态环境建设需要的合格人才。绿色大学的文化应坚持绿色文化。

那么，什么是绿色文化？从绿色文化的发展历程来看，绿色文化是人与自然协调发展的文化。但随着人口、资源、环境问题的尖锐化，为了使环境的变化朝着有利于人类文明进步的方向发展，人类必须调整自己的文化来修复由于旧文化的不适应而造成的环境退化，创造新的文化来与环境协同发展、和谐共进。因此，可以从以下几个角度认识绿色文化。

（一）狭义和广义的绿色文化

从狭义的角度讲，绿色文化是人类适应环境而创造的一切以绿色植物为标志的文化。包括采集—狩猎文化、农业、林业、城市绿化，以及所有的植物学科等。这是绿色文化的物质层面。随着生态学和环境科学研究的深入，环境意识的普及，绿色文化有了更为广义和深层次的内涵，绿色文化即人类与自然环境协同发展、和谐共进，并能使人类可持续发展的文化，包括了可持续农业、生态工程、绿色企业，也包括了有绿色象征意义的生态意识、生态哲学、环境美学、生态艺术、生态旅游，以及生态伦理学、生态教育等诸多方面。这个定义充分反映了文化的制度、价值的层面。

（二）从人类文明发展的进程认识绿色文化

事实上，无论狭义的绿色文化还是广义的绿色文化，都是人类在适应自然生态环境中形成的。人类最早就是从自然中诞生，古朴的生态意识伴随着人类而出现。人类创造的农业文化使地球上出现了一个个辉煌灿烂的古文明，但由于古代人没能认识到环境与文化之间的关系，使得古巴比伦文明、米诺斯文明、腓尼基文明、玛雅文明、撒哈拉文明等一些古文明相继消失。然而，在源远流长的人类历史长河中，传统的农业文化阶段已孕育了新的绿色文化曙光，包括西欧的轮作制、中国传统农业中积累的精耕细作和养地技术，以及生态农业的萌芽，都成为绿色文化的新内容和现代持续农业的基础。

19 世纪的工业革命在给人类带来丰富的物质产品的同时，也给人类带来了资源危机、环境危机，迫使人类必须创造新的绿色文化来挽救支撑人类文明的环境。于是有了 1972年以后世界性的绿色运动，也就有了较原有狭义的绿色文化更先进的以绿色为主导的环境科学和生态科学意义上的、人类为了生存和发展而与地球环境结为伙伴关系的绿色文化。由此看来，狭义的绿色文化和广义的绿色文化之间的关系是不断地向前螺旋式地上升的。

在中国，绿色文化作为中华文化的重要组成部分，已经成为当今社会潮流文化和大众文化。

（三）从实践的角度认识绿色文化

从实践的角度来讲，绿色文化理念包括绿色的生产方式、绿色的生活与消费方式以及节约与节制的观念。绿色生产方式指的是变那种依靠资源的高投入、高消耗、高污染的粗放型生产经营方式为依靠科技进步，走一条资源消耗低、环境污染少、经济效益高、可循环利用的集约化、智能型的新型工业化道路，特别是大力发展现代高端服务业。绿色的生活方式和消费方式，指的是在日常生活与消费中，注意节约与环保的理念，杜绝奢侈与浪费，使用绿色产品，建立与环境生态友善的生活方式与消费方式，特别是要减少对能源与汽车的消耗与使用。节约与节制的理念，从根本上说节约是减少资源损耗与污染的最好方法。总之，人类在生产活动中体现绿色的理念。

（四）从具体的形态和形式来看绿色文化

绿色文化体现在具体的标准、制度等方面，各项节约节能规章制度、环境保护法律法规等的制定。另外，在社会中倡导的生态道德规范、生态价值观也体现着绿色文化。再者，绿色文化有形产品也越来越多，其本质是反映生态环境可持续发展理念，包括电影、文学、艺术作品等。最后，绿色文化还可以通过绿色宣传、绿色文化活动等形式来体现。

三、绿色文化建设在创建绿色大学中的作用

（一）倡导绿色文化有助于高校培育绿色英才

文化是人类历史发展过程中创造的伟大成果。文化的基本功能是教育人、引导人、培养人、塑造人，就是要形成理想信念、民族精神、道德风尚和行为规范。在今天，文化已经成为影响各国之间综合国力竞争的关键因素，甚至是决定一个国家、一个民族、一个政党生存发展的重要战略资源和宝贵财富，文化在社会发展中的地位和作用比以往任何时候都显得重要。

当前，中国特色社会主义现代化的建设对人才的需求，特别是对创新人才的需求越来越高。当代创新人才应是能推动社会可持续的和协调的发展的，因此，创新人才应具有绿色文化价值观念的人，即建立一种人与人、人与自然、人与社会和谐发展的理念，每一个人都应尊重地球上的一切物种，尊重自然生态的和谐与稳定，关心个人并关心人类，着眼

当前并思考未来，也即绿色人才。

高校是培养创新人才的重要基地。当前，许多高校在人才培养工作中，关于绿色文化素质教育开展得还是非常少，许多学生没有树立起正确的绿色文化价值观，缺乏绿色意识。据一项针对大连大学学生生态意识的调查表明，一部分大学生所具有的哲学观念仍然是主张在人与自然对立的基础上，通过人对自然的改造确立人对自然的统治地位。比较注重事物和过程的单因单果的硬性决定论，以及线性的和非循环因素的作用。这直接导致一些大学生重视学习控制自然的技术，却缺少学习大自然智慧、创造绿色科技和绿色产业的自觉性。因此，转变观念，弘扬绿色文化，推进绿色文化素质教育，把绿色文化作为大学生文化素质教育的重要组成部分，充分发挥文化育人的重要作用，引导大学生不断用生态哲学的观点认识和解决现实问题，不断提高大学生绿色文学艺术修养和生态道德观念，有助于培育具有生态文明意识和精神的绿色英才。

（二）倡导绿色文化有助于高校建设绿色校园

校园绿色教育转化为受教育者的自觉行动是一个长期潜移默化的过程，它既需要明确的教育引导，也需要在一个良好的氛围中熏染形成，环境可以造就人、培养人、改造人。

具体来说，绿色文化对校园建设的作用主要体现在以下两个方面：一方面有助于构建和谐的物质环境，创设优良的物质绿色文化。打造绿色校园，需要在每个环节、每个细节都体现绿色文化理念，弘扬绿色文化精髓，不仅追求校园的自然美，更注重绿色文明积淀成绿色人格。另一方面有助于构建底蕴丰厚的人文环境，创建优秀的精神文化。绿色校园虽是物质形态，却能反映出一所学校的精神文化，即人文精神。因此，在高校中倡导绿色文化不仅可以强化绿色的物质形态，更可以帮助广大师生树立促进人与自然、人与人和谐的理念，形成良好的生态道德氛围，树立具有可持续发展特征的人生观、价值观、世界观。总之，在绿色文化引领下建设起来的高层次、高格调、高品位的绿色校园，既能对师生起到陶冶情操和完善人格的作用，又能润物细无声地内化师生的自身修养与涵养，并外化为他们的言语和行为，同时也以其高品位的设施使学校物化为外在的形态与形象。

（三）倡导绿色文化有助于高校创造绿色科技

1. 弘扬绿色文化，有助于推进高校创造绿色科技，促进学术创新

科学技术是文化的重要组成部分，绿色科技创新需要绿色文化中科学的生态思想道德引领。21 世纪绿色大学校园的学术生态既是一种社会生态，也是一种教育生态，更应是一种绿色生态。大学的绿色科技创新是以知识分子为主体，为达到学术创新的目的，进行复

杂的学问探究和科学实验的活动。因此，高校应大力弘扬绿色文化，把 21 世纪的大学校园建设成为富于自由精神的学术殿堂，为创新人才的脱颖而出，为学术大师的涌现提供无限的发展空间。而作为绿色科技创新者的中国知识分子，更应自觉培育绿色文化的思想，在科技创新中以绿色为目标，不断推进我国绿色科技的发展，打造一个绿色的中国。

2. 弘扬可持续发展的绿色文化，有利于更多更好地创新、推广、应用绿色科技

绿色文化强调可持续发展，有利于引导科技创新朝着绿色环保的正确方向发展。衡量一种文化是否先进，关键是看它是否体现生产力的发展要求，是否反映广大人民的根本利益。在 21 世纪，环境就是资源，环境就是财富，环境就是生产力。绿色文化中包含的可持续发展理论和发展绿色技术的内涵，为人类文明的进步提供了许多新思想、新观念，它预示着人类将进入生态文明新时代。可以说，绿色文化是先进文化的一个重要组成部分，与先进生产力的发展相适应；没有绿色文化的繁荣，就没有绿色科技的发展，就更谈不上先进生产力的发展。

（四）倡导绿色文化有助于高校扩大国际交流

环境问题不是一个国家、一个民族的问题，而是全球性的问题，解决环境问题需要加强国家交流与合作。随着全世界对环境问题认识的不断深入，以绿色文化为主题的国际交流合作越来越频繁，越来越深入，这也为我国高等教育提供了发展的空间。一方面，大学作为国际交流合作的重要载体和弘扬绿色文化主阵地，越来越注重开展绿色大学的国际交流与合作，我国的高等教育应以此为契机，以国际化的视野、全球化的思维加强国际交流，以国际的标准不断调整改革和发展的策略，推动高等教育的改革和发展；另一方面，绿色文化成为扩大大学国际交流广度和深度的平台，使当今的大学更具开放性，更具国际视野，更加国际化。因此，我国高校应积极搭建绿色文化交流的平台，深入挖掘和积极推广中国传统的绿色思想，向世界展现中国治理环境的成就，在交流中认识世界，也让世界更加了解中国对环境问题的重视。

在当代，21 世纪的大学校园将更具多元化意识，学会认识和理解多元文化背景下的高等教育，积极利用巨大的国际教育市场和资源。实现资源共享和文化交流，特别是绿色文化的交融，是高校走向国际性绿色大学的一个有效途径。

（五）倡导绿色文化有助于高校更好服务社会

21 世纪是知识经济时代，大学应承担更多的社会责任，为经济发展和社会发展服务，发挥更大价值。过去，高校的阵地主要在校园里，如今，伴随着网络与信息技术的发展，高校已打破原来固有的封闭状态，走出校园、走出围墙，主动与社会相联系。把自己融入社会整体系统之中是高校的必由之路，使高等学校从社会的边缘走向社会的中心，成为推动社会全面进步的轴心机构。正如纳伊曼所说，高等教育机构既是社会经济的轴心又是文化发展的轴心，也应成为周围社会的源泉，因此应该完全向社会开放。大学校园不仅要达到内部的学术生态平衡，还应促使外部生态环境的优化，提高大学校园的社会辐射力度。倡导绿色文化，不仅是在校园里，更需要高校向社会传播绿色文化，发挥高校的自身优势，为建设环境友好型社会作贡献。

当今，中国正处于构建社会主义和谐社会的关键时期，处处需要绿色人才，事事需要绿色科技作为支撑，时时需要绿色文化去引领。弘扬绿色文化，建设和谐校园，有利于高校培养绿色英才、创造绿色科技、引领绿色文明，有利于高校更好地找到服务社会的切入点，增强服务社会的能力，提高服务社会的水平。

第二节　学生生态文明教育的内涵与意义

一、学生生态文明教育的内涵

自从人类文明开始，教育就对文明起着推动作用，在生态文明的进程中，教育同样承担着倡导和传播生态文明的重任，发挥巨大的功能。通过教育促进人的科学观和价值观的转变，使人们不仅认识到环境问题的重要性，而且思考人类对环境的态度和自身的行为方式对环境的影响，知道自己该做什么、不该做什么，学会科学地运用技术和制定各项政策以更加明确人类发展的方向，使科技的应用符合可持续发展的要求。

生态文明教育以生态学知识为基础，引导受教育者在不忽视人的正常需要的前提下，重新理解自然的本性、人的需要、人与自然的关系，自觉养成爱护环境、保护生态的意识，并最终形成相应的文明行为习惯。生态文明教育是人类面对今天环境受到严重破坏，部分资源出现严重短缺的现状而产生批判性反思的产物，是针对当今工业文明发展对环境所造成的破坏而提出的一种理论体系，可以看作是一种新型的文明状态。生态文明教育是一种新型文明教育，体现为世界各地学者依据人类生态文明发展规律及环保条例对受教育者产生潜移默化的影响。受教育者在学习生态文明知识后能正确地处理人类发展与自然之间的平衡关系，并在实际生活中自发地形成尊重自然、敬畏自然、保护自然的行为。生态文明教育是我国生态文明建设顺利推进的思想意识保障，要消除生态环境危机、修复受损的生态环境，就需要通过生态文明教育纠正人们的思想观念和行为，培养公民的生态环保意识，建设生态文明。

生态文明教育吸收了环境教育、可持续发展教育的成果，把教育提升到改变整个文明方式的高度，提升到改变人们基本生活方式的高度。生态文明教育是针对全社会展开的向生态文明社会发展的教育活动，它以人与自然和谐为出发点，以科学发展观为指导思想，目标是培养全体公民生态文明意识，使受教育者能正确认识和处理人——自然——生产力之间的关系，形成健康的生产生活消费行为，同时培养一批具有综合决策能力、领导管理能力和掌握各种先进科学技术促进可持续发展的专业人才。生态文明教育是中国生态文明建设的一项战略任务，这个任务是长期的和艰巨的。

人类为了协调人与自然的关系进而实现可持续发展，所以将生态学思想道德理论体系融入高校教育体系中，进行当代学生的生态文明教育。学生生态文明教育即把生态文明教育对象限定为在校学生，它归根到底属于德育教育。在这里我们更侧重于从意识、责任、价值观等方面看待学生生态文明教育，把它与学生思想政治教育紧密地联系起来。学生思想政治教育是高等教育的重要组成部分，担负着学生思想道德素质培养的重任。生态文明教育则是素质教育的重要内容，它着重培养学生良好的环境保护意识和行为，使受教育者积极地投身到生态文明建设的实践中去。

二、学生生态文明教育的意义

（一）学生生态文明教育的理论意义

生态文明教育可以帮助我们在今天的严峻形势下探索出一条将生态文明建设与其他各方面建设有机融合，发展与治理两不误的道路，确保人类的生存和文明的延续。学生群体是未来的建设者，拥有较高的思想道德水平和综合能力，这一群体的生态文明意识水平对中国经济政治文化的发展和华夏文明的延续具有极大的意义，所以培养学生的生态文明意识很有必要。

1. 学生生态文明教育是时代的要求

生态文明的兴起蕴含着对教育变革的迫切需求。生态文明是工业文明发展到一定程度的必然趋势。文明的进化与发展离不开教育，生态文明使教育的观念和功能得到了丰富和深化，这是时代发展的结果。

现代社会已经走进了信息时代，信息时代的一个主要特点就是周围环境的不断变化和思想领域的不断更新，价值观多元、多变的趋势更加明显。学生想要紧跟时代潮流，适应时代发展，就必须不断发展自己的能力，提升自己的思想境界。在生态问题日益突出的今天，加强生态文明教育，培养生态文明意识，养成生态文明行为，这是一种顺应时代发展的教育行为，可以帮助当代学生面对日新月异的变化时树立一个正确的生态文明价值观，提高自身的审美水平，意识到自身肩负的重要使命，同时在未来的生活中时刻对自然葆有一颗敬畏之心。拥有良好的生态文明意识的学生，思想境界提高的同时，更促进了自身和全社会的全面发展。

2. 学生生态文明教育是学生思想政治教育的重要内容

思想政治教育的内容是依据一定的社会要求和针对受教育者的思想实际，由教育者有目的、有步骤地输送给受教育者的一切信息，它是思想政治教育的核心构成要素。生态文明建设功在当代、利在千秋。我们要牢固树立社会主义生态文明观，推动形成人与自然和谐发展的现代化建设新格局，为保护生态环境做出我们这代人的努力。要推进学生思想政治教育研究工作的深化、拓展、升华。这给学校思想政治教育前沿研究提出新的要求、新的课题。学生生态文明教育重点是在意识、价值观、行为养成等方面下功夫，是培养一种观念、塑造一种精神、树立一种风尚，与世界观教育、人生观教育、价值观教育具有高度一致性。将生态文明纳入社会主义核心价值体系，将生态文明教育融入学校思想政治教育工作，加强学生生态文化的宣传培育，提高学生的生态环境认知水平、环境风险辨识能力、环境实践参与能力和环境政策认同感，提升学生生态文明意识和生态责任感，为学生思想政治教育注入了新内涵，是新时代学校思想政治教育的新课题、新使命。

（二）学生生态文明教育的现实意义

1. 学生生态文明教育是建设生态文明的基本要求

建设中国特色社会主义生态文明，很大程度上要依靠国民素质，国民素质的提高很大程度上依靠学校教育。学校作为高素质人才的培养基地，其根本任务是培养德智体美劳全面发展的中国特色社会主义建设者和接班人。生态文明建设是国家战略。落实生态文明建设的相关要求，教育要先行。开展全民性的生态文明教育是落实生态文明建设要求的基础和前提。学生作为国家的宝贵人才，是国家未来建设的主力军，对其开展生态文明教育，提高生态文明意识和素养，其意义不言而喻。

从现实情况看，开展全民普及性的生态文明教育势在必行。学生作为思想比较先进、道德素质较高、掌握专业知识较好的群体，在践行生态文明理念方面理应站在时代前沿。

建设生态文明不仅需要学生作为生态文明观念的承载者，还需要学生作为传播者、践行者，用自身的行动去带动全社会形成崇尚生态文明的氛围。生态文明建设最基本的前提是学生生态文明素养的提高。

目前学校生态文明教育的开展情况并不能满足生态文明建设的要求，无论是在学校，还是在全社会开展生态文明教育，都需要经历长期的过程才能取得理想的效果。学校承担着人才培养、科学研究、社会服务、文化传承创新等重要职能，而上述职能与生态文明建设都是密不可分的。因此，在全社会都需普及开展生态文明教育的情况下，学校作为知识、思想、科技都处在时代前沿的为国家培养人才的重要基地，应充分重视对学生开展生态文明教育，以此为中国生态文明建设做出贡献。

2. 学生生态文明教育促进学生全面发展的内在诉求

生态文明教育把育人的问题提到了一个全新的高度，对学生提出了更高更多的要求，它要求学生综合素质的全面发展和全面提高。

对学生开展生态文明教育，目的就是要培养学生健康的生态意识和良好的生态行为，这就要求学生对自己的观念和行为进行认真的反思和审视。这个过程也是学生自身修养和文明程度不断提高的过程。生态文明要求人们把局部利益和整体利益、民族利益与全人类利益、当代人利益与后代人的利益统一起来，产生一系列的责任、义务及行为准则。这些都是社会主义、集体主义的原则，是学生综合素质的重要内容，为当代学生融入社会、适应社会提供了思想上的支持和引导。

生态文明教育虽然指向的是生态领域，但涉及的范围非常广泛，包括自然、经济，又包括政治、文化、社会；包括知识、技能的学习，又包括态度、意识的培养。从某种意义上看，生态文明教育也是一种系统教育。这样的系统教育，既扩大了学生思想政治教育的内容和领域，也为学生综合素质的提高提供了广阔的训练平台。生态文明教育实际上对学生的全面发展提出了更高的要求。也就是说，全面发展的时代新人不仅要有处理人际关系的良好品格，还要有处理人与自然关系的优秀品质；不仅要有健康的生态意识，同时要有实施生态文明的能力和素质。因此，是否具有良好的生态文明素养，构成了学生是否全面发展的衡量指标之一，是衡量学生成才与否的重要标志，是衡量公民素质的重要基准。生态文明教育无疑有利于学生综合素质的培养和提高。学校开展生态文明教育，提高学生的生态文明素质，是学生成长成才的需要，也是培养全面发展的时代新人的内在诉求。

（三）学生生态文明教育有利于营造良好的社会风气

生态文明教育是全民教育，关系到全民生态文明意识的形成。生态文明教育同时又是全程教育和终身教育，关系到一个国家、一个民族的长远发展。生态文明观念是人与自然道德关系的要求和体现，人类自觉承担起对自然环境的道德责任体现了人类道德进步的新境界。

作为新时代中国特色社会主义的建设主力军和未来的中坚力量，作为生态文明的传播者和践行者，学生的生态文明素养事关我国的生态文明战略大计。高等教育是一个价值引导、培养学生良好道德价值观念和道德行为的过程。因学校在社会结构中的特殊地位，学生生态文明素养将直接影响整个社会生态文明的发展方向。学生通过其自身良好的生态文明素养影响和带动周围的民众，并积极投身于生态文明建设，进而改变社会的生态环境，提高整个社会的生态文明水平。因此，学生生态文明教育对良好社会风气的营造，乃至整个社会精神状态向更加文明的方向发展具有不可忽视的作用。

（四）学生生态文明教育有利于增强学校科研实力

解决生态环境问题离不开科学技术。科技是先进生产力的集中体现与主要标志，充分发挥科学技术的基础性、先导性作用，是调整人与自然关系，实现人与自然和谐发展的关键。关注科技，依靠科技来处理人与自然的关系，是推进中国生态文明建设的必由之路。科技的不断进步正在使人类对自然的认识不断加深，对自然的改造不断深化，能利用的资源和能源不断增多。尤其是清洁能源的开发，为中国的生态文明建设做出了巨大贡献。学校传承和创新自然科学知识成果的重要文化使命，在生态文明建设中发挥着至关重要的推动作用。

生态文明教育和实践对学校科研与创新也有着极大的推动作用。

作为知识殿堂和科技高地，学校需对制约人类发展的难题有所作为，对重大的生态问题协同攻关，积极推广生态文明建设成果，强化科研环保以及生态治理方面的科研合作，并根据社会需求设定相关专业或学科研究方向，利用学校的科研成果服务于社会，发挥尖端科研成果对生态文明建设的重要支撑作用。注重生态文明教育与其他学科相互联系、交叉、交融，扩展学生对生态文明建设理解的广度和深度；在学科融合的过程中，不断发挥各学科的优势。环境问题的解决不仅需要自然科学理论，同时需要社会科学理论，应将两者有机地结合起来。生态文明建设作为可持续发展战略的重要组成部分，要求的是理工交融、文理相同、知伦理、懂经济、会管理的复合型创新型人才。学校在对硕士生、博士生的培养过程中，也应积极选择目前困扰人类社会发展的亟待解决的问题进行攻关，为生态文明建设培养出优秀的高端人才。在着力培养硕士生、博士生的同时，学校也应注重本科生创造性的培养，构建创新创业人才培养的体制机制，实现学校人才培养水平的提升，同时促进学校科研实力的增强。

　　建设生态文明是中华民族永续发展的千年大计，必须树立和践行"绿水青山就是金山银山"的理念，坚持节约资源和保护环境的基本国策，像对待生命一样对待生态环境，统筹山水林田湖草系统治理，实行最严格的生态环境保护制度，形成绿色发展方式和生活方式，坚定走生产发展、生活富裕、生态良好的文明发展道路，建设美丽中国，为人民创造良好的生产生活环境，为全球生态安全做出贡献。国际社会上竞争从不间断，如今生态治理已经成为衡量一个国家综合实力的重要标准，中国要想在未来的国际竞争中占据主导地位，必须提升公民的整体生态环保意识。作为突破口，首先提升学生的生态文明意识，引导人们去践行生态文明观，通过示范效应最终普遍提升全人类的生态意识。这样才能不受制于其他强权国家的干涉，稳步前进，在一个良好的生态条件下稳步发展，稳步实现中华民族伟大复兴。

第三节　学生生态文明教育的育人平台

一、学生生态文明教育的科研育人平台

　　人类社会的文明进步离不开科学技术作为第一生产力的推动作用，解决生态环境问题同样离不开科学技术。学生生态文明教育是包括知识、技术、意识、行为养成等多方面内容的系统教育。创新创业教育是当前学校十分重视的人才培养途径。生态文明教育与创新创业教育在科学技术方面交叉相融，把学生创新创业教育与生态文明教育相融合是切实可行的，也是引导学生形成正确的科学观、价值观的重要途径。

　　近年来，党中央高度重视学校的创新创业教育，各学校紧紧围绕以学生发展为中心，重视学生创新精神、创业意识、创新创业能力的培养。青年是国家和民族的希望，创新是社会进步的灵魂，创业是推动经济社会发展、改善民生的重要途径。青年学生富有想象力和创造力，是创新创业的有生力量。党中央高度重视学校的创新创业教育。中国不断深化高等学校创新创业教育改革，修订人才培养标准、改革育人机制、加强师资队伍建设、强化创业实践训练、构建创业帮扶体系，把创新创业教育融入人才培养，为建设创新型国家提供源源不断的人才智力支撑。科技创新是提高社会生产力和综合国力的战略支撑，必须摆在国家发展全局的核心位置，强调要坚持走中国特色自主创新道路、实施创新驱动发展战略。

学生创新创业教育作为适应经济社会发展新常态的人才培养模式，以及提高人才培养质量的突破口，各学校普遍搭建了比较成体系的平台，形成了相对成熟的体制机制，为学生创新创业能力培养提供了有利条件和保障。在对学生进行创新精神、创业意识培养方面融入生态文明思想，把环境保护、资源节约利用作为一种科研育人的价值导向融入人才培养理念中，就可以有效利用现有的科研育人平台开展学生生态文明教育，使生态文明教育有了平台支撑，同时丰富了科研育人的内涵。

二、学生生态文明教育的实践育人平台

实践是应用广泛的教育方法，将教育口的与实践性活动相结合，是学校推进立德树人和提高人才培养质量的重要途径。社会实践活动作为学生认识社会了解社会的直接途径，是十分重要和必要的。暑期调研实践对于学生来说是一个深入基层、增长见识的重要契机。怎样利用暑假的时间真正去学点什么、做点什么是学生应该思考的问题。暑假成为很多学生学习的新阵地，是学生展现青春风采，增长知识、见识，吸取社会经验的好机会。通过开展相关的调研实践，学生更能体会生态文明理念的精髓。

目前学生社会实践活动有国家级、省级、高校及二级学院所组织开展的各层面社会实践活动平台。国家级平台最具代表性的是由共青团中央等部门牵头组织开展的全国大中专学生志愿者暑期文化科技卫生"三下乡"社会实践活动。2019年活动围绕理论普及宣讲、历史成就观察、科技支农帮扶等9个方面，组建3000支全国重点团队，深入田间地头、社区街道、厂矿车间、部队军营，尤其是革命老区、贫困地区、少数民族地区和建设新时代文明实践中心试点地区的乡村开展社会实践活动。此外，社会实践平台作为一个重要的育人途径和内容，各学校团组织及人才培养相关部门普遍重视开展学生日常社会实践活动。随着中央不断提高生态文明建设的高度，关于生态环保、资源利用等主题成为学生社会实践活动的常见和热点主题，每年有大批学生参与到相关的主题实践活动中去。

三、学生生态文明教育的组织育人平台

学生社团在学校组织育人的体系中具有不可替代的作用。学生社团是学生根据兴趣爱好自发组织，为实现社团成员的共同意愿，按照社团章程自主开展活动的群众性学生组织。共青团中央、教育部等中央国家机关非常重视学生社团的育人功能，多次联合发文强调和指导学校的思想政治理论课和育人工作要重视和发挥学生社团的积极作用。

学生社团活动是学校校园文化的重要组成部分，发挥着组织育人、实践育人、文化育人等重要作用。学生生态文明教育离不开绿色校园文化的营造和熏陶。目前学校中生态环

保类社团占有一定比例，在学生生态文明教育方面起到了意识唤醒、价值引领、行为引导的作用。

四、学生生态文明教育的课程育人平台

环境与发展问题是 21 世纪人类所面临的重要问题。学校是培养将来从事社会各行各业高级人才的摇篮，也是生态文明建设和低碳经济的思想库、助推器，应成为国家加强和提高国民环境素质和环保技能的重要基地。学校实施生态文明教育，开设生态文明教育课程，在专业课教学中渗透生态文明教育内容，组织学生参与社会实践活动，可以促进教育观念更新，推动学校教学内容和课程体系的改革。

生态文明教育的真正目的在于使受教育者形成敏锐的生态文明意识、掌握丰富的生态文明知识、养成正确的生态文明态度、获得一定的生态文明技能，促进生态文明综合素质的全面、和谐发展。目前，中国学校的生态文明教育目标不够明确，生态文明教育还局限于强调环境知识、环保技能的传授以及环境保护专业人才的培养，而忽视对学生的生态文明意识、环保态度的培养，导致学生因缺乏对生存环境的关注、关爱意识而不能自觉地把所掌握的生态文明知识、技能转化为具体的环保行动，造成学生理论知识相对丰富但实践缺乏的尴尬局面。

通过第一课堂开展生态文明教育主要有思政课、专业课、通识课三个类别的平台。思政课为公共课必修课，是学生思想政治教育的主渠道，在学校人才培养体系中具有重要作用。在校学生中绝大部分都不是学习环境类专业的，通过专业课开展生态文明教育主要是采取渗透的方式。现在学校普遍开展的"课程思政"工作就是很好的平台，因为生态文明教育本质上是价值观的教育，是一种品德教育，属于"大思政"教育的范畴。通识课的教育则可以直接开设关于环境及资源利用相关内容的课程，更加贴近实际地讲授生态文明教育的相关内容。通识课的优势是内容不拘一格，授课方式相对易于创新，理论联系实际的授课更容易达到教学目标。

五、学生生态文明教育的管理育人平台

推进学生生态文明教育的管理机制创新，是推进学生生态文明教育的必然要求。首先就要构建健全的管理育人平台。学生公寓是学生学习和生活的重要场所，是校园文化建设的重要阵地，是学生生态文明教育的实践基地之一。如何规范和科学地对公寓实施管理、优化配置学生公寓资源、增强学生公寓育人功能，把公寓建设成为内涵丰富的育人场所，是新形势下学校学生公寓管理的重要任务。面对新问题、新挑战，学校学生公寓管理和服

务工作要始终坚持"以学生为本"的理念，以创建"整洁、舒适、安全、和谐、文明"的公寓环境为目标，在软硬件管理、文化育人、实践育人、智慧公寓建设等方面创新方法，不断增强管理服务的实效性，打造管理育人平台。

目前，学生寝室内环境普遍不能让人满意，严重影响学生的身心健康，对学生成长成才是极其不利的。寝室垃圾遍地，卫生状况不佳，学生"宅寝"不外出上课、不外出运动、不外出就餐的习惯，沉迷网络导致学习陷入窘境不能自拔，这些现象均需要教育工作者设法改变。单纯以寝室卫生、文明礼仪为目的的教育活动收效甚微。我们不妨选取新的视角看待这个问题，从寝室文化建设方面入手，例如开展打造绿色寝室、生态寝室、特色寝室等活动，从寝室环境、生活习惯、学习习惯等方面综合考核开展更具内涵的寝室管理工作，把生态文明理念融入寝室建设中，教育引导学生以绿色、健康、文明、积极的心态投入到学习生活中去。一屋一世界，一屋不扫何以扫天下。学生公寓管理是管理育人的重要内容，是开展学生思想政治教育的重要平台，开展学生生态文明教育不能忽略公寓这一重要阵地。

第八章　生态文明教育进社区

第一节　绿色社区及其目标

一、绿色社区发展的背景分析

（一）环境教育发展的需要

前面我们已经介绍过，国际环境教育在起步阶段，环境教育的内容主要是传播环境知识，教育对象重点是青少年，教育领域主要在学校。环境教育的目的，是使全世界的人们了解与关注和环境相关联的问题，并使之具有知识、技能、态度、动机并能够承担责任，以解决当前已有的问题和预防产生新的问题而进行单独的和集体的工作。可见，环境教育是全民性的教育，环境教育的领域应覆盖到全体公民。

中国环境教育与国际环境教育一样都积极倡导公众的参与，把提高公众参与程度作为提高环境教育目标的一个重要手段和途径，绿色社区建设正是伴随着环境教育发展需要而诞生的。绿色社区建设有助于促进政府、环保社团、家庭和公众之间的互动，凝聚各种力量形成合力，最终更有效地推进环境教育向前发展。

（二）城市发展的需要

伴随着城市化进程的加速、人口向城市的转移，城市环境污染问题越来越严重，甚至在有些地方成为制约城市发展的主要因素。如何有效解决城市发展与保护城市环境、维护生态平衡，是人们关注和思考的一个焦点。在这样的背景下，建设绿色社区成为人们保护环境和实施可持续发展战略的一种重要而有效的形式。

20 世纪 90 年代以来，中国进行了大规模的城市规划和住宅建设，在加快城市现代化的同时，也改善城市居民住房条件。但随着城市老龄化、家庭小型化、住房私有化、生活现代化进程的加快，许多问题要依赖于居住地域服务团体、社区组织、物业管理公司等基层单位解决。一些城市管理部门纷纷提出要加强"居住社区建设"的问题，提出"绿色社区""社区文化""社区服务""生态社区"等一系列概念，城市规划部门也提出了"生态住宅""城市居住社区生态规划"等相关措施。国际上也在开展"可持续发展的社区规划""可持续发展的人类社区"等改善人居环境问题研究。作为城市基本单元的居住社区建设，顺应当今世界可持续发展的基本战略，依据生态学原理和可持续发展理论进行规划建设的绿色社区无疑是提高人居环境质量，促进社会可持续发展的重要体现。

二、绿色社区的概念

目前，国际上对绿色社区尚无明确、统一的定义，甚至不同国家和地区对其称谓也不尽相同，在中国以称"生态社区""绿色社区""生态住区"居多，而在欧美国家以称"可持续社区""健康社区""可居性社区""生态村"等较为普遍。不论它们以何种称谓出现，都可以说是"可持续发展"思想在社区层面上的具体体现，与之对应的有生态住宅、绿色社区、生态建筑等概念。

绿色社区（green community）是在社区的概念基础上，以生态性能为主旨，以整体的环境观来组合相关的建设和管理要素，建设成为具有现代化环境水准和生活水准，可持续发展的人类居住地。相对于传统社区概念，绿色社区涉及的领域更加广阔，关注的层面更为深入。它不仅考虑本社区人们的利益，也兼顾更大区域范围内人们的利益；不仅重视当代人的利益，也考虑子孙后代的利益。很明显，绿色社区实践所面临的问题更加复杂，传统的方法将难以应对，而需要着眼于一种更为整体、系统的策略。

绿色社区倡导"人与自然和谐共生"的思想，寻求整合环境、社会和经济三方面因素的社区可持续发展之路，促进社区可持续发展需要各方面、各阶层的广泛参与，并着眼于社区实际，采取长期而整体的建设策略。绿色社区的理论与实践尚处于发展初期，出现了相同的研究目标以不同的名称表述，在中国尤其如此，如"绿色社区"与"生态社区"，"生态住区"所研究的内涵基本相同。绿色社区的主要标志是："有健全的环境管理和监督体系；有完备的垃圾分类回收系统；有节水、节能和生活污水资源化举措；有一定的环境文化氛围；社区环境要安宁，清洁优美。"

综观当今绿色社区的实践，虽然在绿色社区的概念上诠释存在差异，但总体仍然具有共同之处。

进入 21 世纪，中国在城市住宅建设中遵循可持续发展战略，逐步开展了以营造舒适、健康、高效、美观的居住环境为宗旨，体现以人为本的设计理念，寻求自然、建筑和人三者之间和谐统一的生态居住社区建设。随着我国可持续发展战略进程的深入，相信会有更多的"绿色社区""生态住区"加入生态实践的行列。

三、绿色社区建设的目标

（一）实现人——社会——自然的和谐

城市规划生态学认为，城市绿色社区必须既是一个生物体系，又是一个能供养人和自然的环境，是人在生物圈中的理想社区，在绿色社区中，社会和生态过程以尽可能完善的方式得到协调。在这里，自然环境、城市社区与居民融为一个有机整体，形成互惠共生结构。绿色社区的发展目标是实现人—社会—自然的和谐，绿色社区不仅仅是一个用自然植物点缀的人居环境，而且还是一个关心人、陶冶人、尊重自然、尊重生物多样性的聚集地。与之相适应的，绿色社区必须把有助于发展循环经济作为一个重要目标，所有的物质和能源能在不断进行的经济循环中得到合理和持久的利用，把经济活动对自然环境的影响降低到尽可能小的程度，从根本上消解长期以来环境与发展之间的尖锐冲突。

（二）提高公民的环境意识

人类居住区发展的目标是通过政府部门和立法机构制定并实施促进居住区持续发展的政策法规、发展战略、规划和行动计划，动员所有的社会团体和全体民众积极参与，建设成规划布局合理、配套设备齐全、有利于工作、方便生活、住区环境清洁、优美、安静、居住条件舒适的人类住区。在人类文明的新时期，人类应站在可持续发展的高度，正确平衡人对自然的权利和义务。按照这一要求，中国的城市化还处于低层次运作，绿色社区建设旨在唤起公众环境意识，使社区的每一个居民都认识到解决环境问题的重要性和紧迫性，通过建设绿色社区全面实施以"学校——家庭——社区环境教育"为空间维度的环境教育体系，并渗透到自然、社会、经济、政治、技术、伦理、道德、审美、精神和文化等各个方面。

（三）成为倡导绿色文明的阵地

绿色社区建设要创造一种新的文化观念、新的价值定位、新的精神追求、新的行为准则和生活模式。其根本目标在于提高公众的绿色意识，并内化为公众的绿色行动，共同创造中华民族的绿色文明，建立一种全新的"绿色观念——绿色模式——绿色精神——绿色文化体系"。绿色社区应"倡导符合绿色文明的生活习惯、消费观念和环境价值观念"。

四、绿色社区的时代价值

首先，绿色社区的首要价值在于追求和实现绿色生活理念及模式支撑下的民众身心健康快乐。绿色社区的建设，最根本的就在于彻底美社区境况。"社区是我家，绿化靠大家。"这句再常见不过的宣传口号喊了多年，至今尚未完全变为现实。而新时代下的绿色社区建设，就是要把这句口号具体落实到实践中去。从这个层面而言，绿色社区的时代价值首先是一种绿色生活理念的新时代塑造，是广大民众超越物质财富追求之上的精神层面的新诉求。

其次，绿色社区的时代价值还在于"牵起"绿色家庭和绿色发展。绿色社区建设，小则关乎每个家庭、每名居民绿色生活理念与方式的培育，大则影响绿色发展，是由小及大的关键连接点。绿色发展过于宏观，而绿色家庭又略显微观。居于中间层级的绿色社区则恰好填补两者之间的空白，并成功搭建起绿色理念与方式"上通下达"的桥梁。绿色家庭的现实成效需要绿色社区支撑并推广至社会层面，而绿色发展的理念深化及氛围影响也需要绿色社区的承接而逐步进入千家万户。所以，新时代下绿色生活理念与方式的塑造和培育，少不了绿色社区这一关键纽带。

再次，绿色社区还有助于为生态文明建设创设现实基础载体。社会主义生态文明建设正在逐步融入社会主义经济、政治、文化、社会建设的方方面面。在一定程度上，这个建设过程略显宽泛与宏大，需要一个基础切入点，从而使之与民众的日常生活实现有效衔接。

而绿色社区的打造就为这一实践提供了良好平台与基础载体。在一个社区范围内，经济的、政治的、文化的、社会的因素都有体现，而这些又都和民众的日常生活休戚相关。从这个角度分析，社区就是整个大社会的一个缩影，而在社区范围内推进社会主义生态文明建设就集中反映在对绿色社区的打造上。

第二节　绿色社区的本质及主要特征

绿色社区是建立在生态居住社区基础上的形式体现，包含多方面的内容，诸如居住区生态规划设计、建材绿色环保、能源洁净节约、管理智能人性、垃圾资源循环、社区生态文明等。为了更好地促进生态居住社区建设健康发展，开展与其相关社区生态建设、建筑技术规范、社区环境设计的研究需要一个共同的切入点，绿色社区把与城市居住社区建设相关问题凝聚起来，综合社会学、城市规划学、生态学、建筑学、社区管理、物业管理等多学科问题就显得尤为重要。

一、绿色社区建设的本质

从生态系统的角度考察绿色社区，可将其看成是人类在自然环境基础上建设发展的一种以人为核心的人工生态系统。它不仅包含自然生态系统的各组成要素，还包含围绕人类而产生的社会经济系统各要素。绿色社区应该是自然环境条件与社会、经济、文化等人工环境条件相互协调融合，以生态可持续发展作为理论基础规划出的适宜人们生活的社区。绿色社区建设的本质应包括绿色社区物质生态层的建设和精神生态层的建设。

（一）物质生态层的建设

绿色社区是以周围物质环境为依托而存在的，社区物质生态层的建设是指区域生态层和社区自身生态层的建设。

1. 区域生态层

区域生态层主要由气、水、声三要素构成，区域的空气质量、给水清洁程度、污水处理能力以及噪音的治理对社区生态有明显的影响。它依赖于城市社会经济的发展水平和对区域环境的治理。

2. 社区自身生态层

社区自身生态层的形成和完善可以通过提高社区的自然度得以实现，即通过提高绿地率、土地洁净程度、人均绿地面积、单位面积绿量、绿地分布密度指标来实现。在社区自身生态层中，绿化是其核心，突出社区绿化系统即按照不同规模、不同类型的社区自然条件，使绿色植物依附于地面、亭台、墙面、屋顶、阳台及各种建筑设施上的立体绿化所构成的有机体系，来改善社区生态条件，为业主提供游憩、休闲的境地，同时作为城市绿地系统的重要组成部分。绿色社区物质生态层的建设为建立城市社区生态系统良性的物质循环、能量流动打下坚实的物质基础。城市绿色社区的标志之一是居住社区总体环境的和谐营运，居住社区环境效率的提高，由社区选址、布局、工程设计以及管理等各个环节来实现，同时反映在资源利用、合理使用能源、建设效率、生活效率、社区物业管理和环境管理等方面。

（二）精神生态层建设

城市绿色社区的建设和发展有赖于社会、经济、文化等意识领域的发展和促进，在人类社会发展中精神领域的推动作用不容忽视。城市社区精神生态层的建设包括社区生态文化建设和良好的社区社会生态关系建设两个方面。

1. 绿色社区生态文化建设

生态文化是反映人与自然、社会与自然以及人与社会之间和谐相处，共同发展的一种社会文化，是物质文明与精神文明在自然与社会生态关系上的具体表现，是 21 世纪绿色社区建设所倡导的社会文化进步的产物。居住社区生态文化的构建取决于社会生产力发展、生产方式进步、居住社区内生活方式变革。居住社区管理方式的更新具有鲜明的时代性、广泛的群众性、强烈的科学性。居住社区生态文化需要社区服务与管理者用生态建设的科学知识感召、引导、激励群众积极投身生态建设，发挥他们的主动性、创造性，营造出居住社区生态建设的文化氛围，并使之成为社区生态文化前进的动力和源泉。

2. 绿色社区社会生态关系

社会生态关系是人类对所处环境的一种社会生态适应。但对绿色社区而言，社会生态关系是发生在绿色社区内的，在规划建设管理绿色社区时应考虑人与自然之间的生态关系、人与人之间的社会关系（包括人与人之间的互相影响和相互关系、人们相互之间的交往过程和形式、社区内和各种社会组织的类型及其作用方式以及在一定的社会网络下的人类行为的基本特征和模式等）在一定时空内的交叉和叠加。它包括绿色社区内的密度关系、竞争关系和共生关系。保持绿色社区合适的密度与拥挤度，建立舒适的社区密度关系是提高社区整体生态环境质量、社区与城市以及城市外部区域关系和谐的充分条件；融洽的社区社会生态竞争关系使社区中人与人之间的关系处于互动、互相促进的过程，整个社区将会生机勃勃，社区人类种群呈现出丰富的多样性和异质性；城市社区内，人与人之间具有共生关系，和谐的人际关系是绿色社区中人类共生与协作的基础，可以缓解城市生活压力下的紧张心理，这也是绿色社区社会生态关系存在和发展的内在基础。建立良好的社区精神生态层是城市绿色社区建设的意识形态保障，社区生态文明建设需要物质文明与精神文明两方面的协调发展。

二、绿色社区的主要特征

绿色社区正在成为 21 世纪人类居住环境改善与发展的方向。世界一些经济较发达的国家都在探索适宜本国和本民族特点并具有可持续发展能力的居住环境。中国虽然地大物博，但人口众多，经济发达且较适宜人们居住的地区人口密度很大，根据中国的实际，如何充分利用自然资源，尽可能地恢复自然系统的生态功能，在现有的条件下使人们居住的健康性、舒适性和可持续性趋于合理，形成了当前城市绿色社区建设的主要特征。

绿色社区的主要特征表现为社区中人与环境在空间上的相互关系；社区环境的核心是"人"，社区环境的研究以满足"人类居住"需要为目的。大自然是社区环境的基础，社区环境是人类与自然之间发生联系和作用的中介，社区环境建设本身就是人与自然相联系和作用的一种形式，理想的社区环境是人与自然的和谐统一。社区环境内容复杂，为努力创造宜人的居住地，人在社区中可进行各种各样的社会活动，形成更大规模、更为复杂的支撑网络。社区环境可划分五大系统。

（一）自然系统

自然指气候、土地、水、植物、动物、地理、地形、土地利用等资源。整体自然环境，是人类聚居产生并发挥其功能的基础。自然资源特别是不可再生资源具有不可替代性，自然环境与人类社区有着密不可分的联系，自然环境保护与社区环境建设，土地利用变迁与人居环境的关系等等都体现了自然系统与社区环境相互依托的关系。自然风景是一种生态资源，包括荒野地区对人类的生存也是必不可少的，我们的审美观念不能只停留在一些风景名胜的地貌上，而应该同等地对待大地的每一个角落，必须强调绿色空间不仅是为了游憩和观赏，更重要的是为了保护正在被破坏和失去的绿色空间，作为自然一贯赖以生存的生态环境。

（二）人类系统

人类是自然界的改造者，也是人类社会的创造者，人们对物质的需求与人的生理、心理、行为等有关需要，构成社区环境中的交流。人作为生活、历史活动的主体，具有人本主义心理学家马斯洛指出的一系列基本需要。对食物、水、氧气、睡眠以及特殊的心理需要；生理上的安全与心理上的安全需要；被集体所接受，能感受到爱；自尊与被别人尊重；自我的发展与完善，个人潜力的发挥。人类从生理到心理上的需要是连续波浪式的演进过程。在绿色社区中，具有不同需要的人们生活在一个空间里，为了实现共同的绿色目标表现出来的相互之间的关系构成了人类系统。

（三）社会系统

社会是人们在相互交往和共同活动过程中形成的相互关系，社区环境社会系统主要指社区事务管理、社区服务以及不同家庭之间、不同年龄之间、不同阶层之间直至居民和外来者之间的种种关系。社区环境建设应强调人的价值和社会公平，社区服务与管理应重视关心人和人们的活动，包括学校、医疗、社会治安、社会交往等，这也是社区环境管理的最终归属。

（四）居住系统

居住是人类生存、发展的必要条件，是社会文明进步的主要标志。社区的居住系统主要指住宅、社区设施等人类、社会系统等需要利用的居住实用商品，也是促进社会发展的一种强有力的工具。社区环境研究的一个战略问题就是如何安排共同空地（即公共空间）和所有其它非建筑物及类似用途的空间，以保持与居住空间的和谐。

（五）支撑系统

支撑系统指人类社区的基础设施，包括自来水、能源和污水处理，交通系统、通信系统、计算机信息系统和物质环境规划等。社区支撑系统为人类活动提供支持，并为社区所有人工和自然系统建立联系、技术支持和保障，是社区环境各个部分联系的桥梁。

上述五大系统中"人类系统"与"自然系统"是两个基本系统，"居住系统"与"支撑系统"则是人工创造与建设的结果。在人与自然的关系中，和谐与矛盾共生，人类必须面对现实，与自然和平共处，保护和利用自然，妥善解决矛盾，五个系统都面临持续发展的问题。

三、绿色社区建设的功能定位

（一）建设绿色社区体现了人文关怀建设

绿色社区就是要以人为本、不断改善环境质量、满足公众对美好人居环境的追求，实现人与自然最大限度的和谐。在倡导"以人为本"、呼唤"绿色文明"的同时，绿色社区建设应该强调人与自然的和谐协调关系，关照和呼应城市各社区之间的协调发展关系，修正人类的思维、意识和态度，规范人类行为，从时间和空间两个维度实现人文关怀，使发展真正为了整个人类自身的生存和发展，这也是深层意义上"以人为本"的发展理念。

（二）建设绿色社区有助于保护环境建设

绿色社区作为人类生存与发展的基地，能合理高效地利用物质能源与信息，提高居民生活质量的环境水准，充分适应社会再发展需要，更好地促进环境保护。

社区居民的环境意识和环境行为是衡量城市文明建设的重要标志，也是城市文明程度的具体体现，建设绿色社区是我国城市化进程中推进城市环保工作、提升环保整体水平的重要内涵和有效途径。绿色社区建设旨在唤起公众环境意识，使社区的每一个居民都认识到环境问题的严重性和普遍性，认识到解决环境问题的重要性和紧迫性，通过建设"绿色社区"全面提升城市综合功能和城市价值。

（三）建设绿色社区有助于促进环境教育

环境教育体系由三个层面构成：一是"幼儿—小学—中学—大学—终身环境教育"，是时间维度的环境教育体系，贯穿每个人的一生；二是"学校—家庭—社区环境教育"，是空间维度的环境教育体系，涉及每个人的生活和工作环节；三是"正规—非正规环境教育"，是形式维度的环境教育体系，渗透于教育和培训的各个领域。建设绿色社区是落实空间维度的环境教育从而实施全民环境教育的一个重要环节，是全民环境教育体系中的有机组成部分。

（四）建设绿色社区有助于推动公民参与

建设绿色社区可以提高公民参与环境保护的意识和养成绿色行为方式。绿色社区建设是开放的，社区可以凝聚各种力量——政府的、企业的、社团的、家庭的、个人的力量一起参与绿色社区的建设。中国从 21 世纪初开始进行了全国绿色社区创建活动，从创建活动取得的效果来看，创建活动大大激发了社区居民主动参与绿色社区建设的积极性，公民参与意识大大提高。绿色社区创建活动增强了广大市民的环境意识和环境道德观念，提高了社区居民保护环境的自觉性和积极性，改善了社会环境，并带动了社区环境规划与建设，为城市环境保护与经济社会的可持续发展作出了贡献。

第三节　创建绿色社区

绿色社区是建立在城市社会——经济——自然复合生态系统基础上的复杂的城市构成单元，是以人、建筑、自然和社区管理之间关系为链接的自然与人工密切结合的生态系统。绿色社区关系到城市生态系统结构和功能的正常发挥，是实现城市可持续发展的有力保障。

一、绿色社区构建体系

绿色社区作为一个相对复杂的城市生态系统单元，其功能不应仅停留在解决"居住"

的问题上，应为居民提供清洁、舒适、自然的宜人的生活环境。一方面，社区规划要与城市规划建设和布局相协调；另一方面，最少量地给社区周边自然环境及城市环境施加压力，应成为居民与社区自然环境、人工环境和谐共存，居民之间沟通顺畅，能持续稳定发展的城市功能区。要达到这样的目标，需要我们运用生态学、社会学、规划学、管理学等相关原理指导城市社区规划和生态建设。

绿色社区规划建设运用生态学及相关学科知识融合原理，采用"融贯的综合研究"方法，以城市居社区规划为基础，并具有相关专业要求。相关技术领域涉及城市社区规划、社区环境设计、建筑设计、住宅学、社会经济学、物业管理、文化、历史、园林、市政工程、道路交通、环境工程、信息技术、节能技术与城市防灾等。

绿色社区从结构上由六大功能区域组成，包括住宅建筑区、生态绿化区、文教休闲区、综合服务区、市政公用设施和道路交通区，它们构成互相交融的有机整体。

绿色社区公共服务交流平台包括基层、小区和综合社区三级公共服务设施，涉及居民生活各个领域，是社区行政、经济、文化中心和交通枢纽。

二、绿色社区建设特色

绿色社区建设与传统住宅区建设相比，在满足居民基本活动需求的同时，更加注重"人"的生活质量和素质的提高，强调社区的综合功能开发与协调。

绿色社区建设与规划必须遵循社会、经济、环境、资源可持续发展的准则，以大都市总体规划为框架，突破单一的住宅区功能观，强调以人为本与环境的和谐，着重对社区的规模、功能布局、整体环境、公共服务中心体系与生态环保、交通组织、市政系统等进行综合考虑，运用规划技术手段处理好各功能区域之间的关系，形成以居住为主的多功能综合性、布局规模合理、设施先进完善、交通便捷、环境优美、管理智能并具有地方特色的城市社区。

"城市可持续发展"可理解为既满足当代城市人居需要，又不对后代人满足其城市发展需要的能力构成危害，要充分体现在资源的开发利用方面及环境保护方面"代际公平"的原则。要保持城市可持续的发展，必须建立起一个社会与自然生态系统和谐社会的生态社会，最终创造一个与自然协调的生态社会，绿色社区是城市可持续发展的必然选择。

三、中国绿色社区建设的问题分析

中国的绿色社区建设存在着很多复杂的理论与实践问题。这些限制着绿色社区在中国的进一步发展和进步。

首先，绿色技术支撑绿色社区建设力度不够。当前的绿色社区建设还仅停留在社区的绿化美化和社区的环保与节能层面，更高层次的社区生态化、低碳化、有机化建设还远远不足，比如绿色建筑规划与布局、社区生态有机体构建、社区绿色系统项目推进等都有很大差距。而这些都离不开绿色技术体系的有力支撑和有效保障。面对中国核心技术的欠缺，尤其是绿色技术研发与运用的滞后和被动，想要在短时间内彻底解决技术支撑绿色社区建设问题还有很大难度。由于绿色核心技术的缺失、绿色普通技术的滞后，许多绿色技术不得不依赖进口，比如生活废弃物的循环再利用技术、废旧塑料分选技术、厨余垃圾处理和再生利用工艺成套设备制造技术等，对我们构建自己的绿色技术体系构成一定阻碍。缺少必要绿色技术尤其是核心技术的支撑，绿色社区建设任重道远。

其次，组织管理保障绿色社区建设依旧不强。一是绿色社区建设的顶层设计及全国性组织领导仍旧缺乏。分析研究相关文献资料和媒介报道，除去生态环境部、全国妇联、共青团中央等部门或单独或联合组织开展一些活动并进行一些宣传外，鲜有其他部门涉及绿色社区建设。虽然国家层面在许多会议及文件中提及绿色社区建设，但并未将其视作一个独立的研究和建设领域。因此，不仅有关绿色社区建设的顶层设计还较为欠缺，而且国家级的统一组织、领导和协调机构或组织也迟迟没有出现，这与党的十九大报告中再次重申的开展创建绿色社区行动的要求相去甚远。二是绿色社区建设的基层组织管理模式与经验有待健全并提升。就我们目前推进的绿色社区建设系列活动和实践水平及效果来看，真正体现绿色社区内涵本质的模式与经验寥寥无几，多数仍停留在"环境绿化美化、垃圾有序规整"等建设层面。这与绿色社区理念认知不够深入、建设经验缺乏有很大关系，也与我们的现实国情密切相关。此外，绿色社区建设基层组织管理不完善、保障力不够也是造成这一现状的重要原因，甚至在一定程度上构成绿色社区基层建设的决定性因素。如果类似居委会这一基层自治组织的领导与管理机构模式很难成立的话，业主委员会的组织架构及治理模式也是可以参考与借鉴的。但是，从现实情况来看，类似的绿色管理组织并未出现。这不仅限制了基层绿色社区建设的统一推进，而且对已有绿色社区的日常管理与组织领导都造成一些麻烦和困难，严重制约着绿色社区的进一步深化发展。

最后，绿色文化影响绿色社区建设作用还不明显。除了政策、制度机制、组织领导层面的设定与实施，文化维度的绿色文化持续影响和引导对于绿色社区建设同样重要。然而，如何营造新时代的绿色社区文化，怎样去宣传和传播这种文化，并在文化认同基础上如何发挥其持续长久的影响作用，各地的探索还很不够。社区绿色文化的营造与功效发挥仅靠简单的口号宣传、标语设置是远远不够的，需要有现代信息技术手段及科学理念认知支撑下的主动接纳、广泛认可和积极发扬。从这个意义来讲，当下的绿色社区文化建设还远远不够，并未充分发挥其应有作用。

四、新时代中国绿色社区建设的完善举措

国家和社会的发展进步需要新的文明理念与实践模式，而作为民众基础生活载体的社区同样需要新的生活理念和模式的科学指导与时代推进，即绿色社区的理念推广与实践建设。针对目前我们在绿色社区认知与建设层面的诸多问题，对其不断进行完善就成为联系绿色家庭和绿色社会建设的绿色社区建设的题中之义，也是具体推进社会主义生态文明建设的绿色生活维度的现实要求。具体来看，可以从软硬件两方面综合施治。

（一）夯实绿色社区建设的硬件基础

推进绿色社区建设，先要筑牢其硬件基础设施。这是创设绿色生态环境与氛围的前提条件，也是顺利推进绿色生活方式的物质载体，更是保障绿色社区长久持续存在的显性标志。

首先，要将生态学原理和可持续原理融入社区住宅的户型设计、建筑选材及整体布局中。一是把多样化的户型设计及整体布局风格，作为绿色社区构建过程中应始终坚持的原则，因为这符合生态学原理中的生态系统多样性特点，也有助于社区的稳定。二是在生态学原理和可持续原理指导下选择住宅建材，充分体现采光、通风、冷热、美化、绿化、稳定持续及其他相关生态工程原理所要求的科学建筑结构，赋予建筑以更持久、更多的生命活力。尤其是健康环保、低碳绿色的建筑和装修材料的选择和使用，可以实现人体健康追求、室内外生态环境保护、社区环境营造、自然资源环境节约等目标，是生态文明理念、可持续发展原则、生态学理念和绿色环保逻辑在建筑家居领域的充分展现。而这也会在无形之中慢慢培养和塑造社区居民的绿色环保意识和生态文明思维，从而起到协调配合、有效补充社区生态环境教育的作用。

其次，以绿色功能区划为指导逐步完善社区各项绿色基础设施建设。绿色社区建设涵盖社区经济、政治、文化及社会的方方面面，是一项系统工程，包含十分广泛的内容。因此，应依据绿色社区系统空间构成的功能区划，并综合考虑各构成要素的经济和社会效益，逐步完善各项绿色基础设施建设。一是有效区分并合理规划商业类和社会公益类绿色基础设施建设。合理规划布局超市、银行、理发店、旅馆等商贸金融设施，及家政服务介绍所、医疗诊所、药店等社区服务设施和医疗保健设施，将"绿色环保、低碳循环、生态清洁"等绿色生活理念逐渐融入其日常经营与管理中去；做好绿带绿地、公园广场、活动中心、健身房等社区生态绿化设施及休闲运动设施的规划布局及日常维护等工作；对于生

活废弃物和垃圾的处理、公用通信设备等市政公用配套设施，及居委会、物业、保卫等社区管理配套设施，要做好现代绿色科学理念及技术因素的融入、普及和推广，依靠理念提升和科技投入拓宽其绿色管理与服务的水平和能力；对于社区内各类型学校、书店、图书馆、展览馆、文化馆等科教文化设施，要发挥其在绿色生活理念与方式领域的宣传教育、培训学习和引导影响等作用。二是积极推进绿色社区的绿色公共服务中心系统建设。这是建设绿色社区的物理硬件设施基础。具体来看，要逐步提升新能源在绿色社区建设进程中的数量和占比；要积极支持与推广节能灯、节水龙头、绿地喷灌器、太阳能热水器等节能、节水、环保设备的选购及使用；社区的绿化和美化，要突破原有思维定式和既有方式传统的束缚，可以用屋顶绿化、侧墙绿化、建筑间"牵手"绿色等现代多元化立体化绿化方式进一步扩展社区绿化的范围与空间；社区的生活污水和废弃物处理，要更多运用低碳循环技术、可持续回收利用技术等手段予以解决，必要时可以研究并建立社区内部的绿色清运系统。所有这些，都旨在逐步构建并完善绿色社区的绿色公共服务中心系统及其内容构成，尽可能实现社区有机系统的整体最优化演进和内部循环最大化发展。

（二）创设绿色社区建设的软件环境

硬实力固然重要，软实力的功效发挥也不容低估。建设绿色社区也要兼顾软硬实力的统筹协调。在一定意义上，绿色社区建设的环境水平高低、氛围优劣程度等软件条件更能反映生态文明建设在生活理念与方式方面的推进成效和现实效果。因而，在夯实绿色社区建设硬件基础的同时，也要积极创设绿色社区建设的软件环境和氛围，从而为社会主义生态文明建设理念的深化与提升培育丰厚的沃土。

首先，塑造和培育社区绿色共同体理念。一个社区不仅仅是地理空间区位上的多个家庭简单聚集，更有着政治、社会、文化乃至情感认同与归属层面的共同体意蕴。而随着社会主义生态文明建设的全面推进，社区又扩展了这种共同体的生态环境内涵。所以，绿色家庭及其共同体构成之上的绿色社区构建必须积极塑造和培育一种社区绿色共同体理念。而要实现这种社区绿色共同体理念的塑造和培育，有两方面的工作不得不做。一是以和谐化的邻里关系谋求社区绿色共同体理念共识。从"千金买屋，万金买邻"到"社区是我家，美化靠大家"，都揭示了共助、共建、共享的和谐邻里关系与氛围的重要性和必要性。社区绿色共同体理念共识的谋求首先建立在彼此尊重和信任、相互沟通与交流的和谐化邻里关系基础之上，并以此为纽带逐步实现理念共识的积聚与扩展。二是用情感认同、价值认同、组织认同等社区认同体系内容逐步强化社区绿色共同体理念。在网络信息社会下，传统的社区隔阂与闭塞正在被消融。而随着业主委员会这一现代民主自治组织形式的发展和壮大，以及网络信息社会催生的微信、微博、论坛等网络平台的蓬勃发展，社区在组织认同、情感认同、价值认同等区域认同体系方面的强度在显著提升。面对近来日益严峻的生态环境形势及其造就的严峻生存发展环境，这些方面的认同内容客观上更加有利于社区绿色共同体理念的接纳与强化。而要实现以上社区认同体系内容向社区绿色共同体理念的转化，必须在生态环保信息公开与共享、组织构建、相关议题设置及参与渠道安排等方面下功夫、做工作，进而最大程度挖掘社区认同体系对社区绿色共同体理念的促进和强化作用。

其次，大力推进绿色社区绿色文化的建设。文化的作用重在影响、塑造、引导及培育（也谓教化），绿色社区的绿色文化建设也要遵循此道，并尽快形成绿色社区建设的良好风气和有利环境。一是进一步加大绿色社区科教文化基础设施的建设力度和完善程度。文化因素及其影响并不能通过空气自行传播，需要有一定文化设施、场所及载体的空间创设、环境氛围营造和物质呈现。要在社区学校、图书馆、文化馆、展览馆、阅览室、社区网站等科教文化设施及场所充分发挥绿色文化的影响力、感染力和引导力，不断培育和塑造民众的绿色意识及绿色思维，并提升民众的绿色素养，引导大家为绿色社区建设贡献自己的绿色智慧和绿色力量。二是丰富和拓展社区绿色宣传教育的内容与形式。对传统文化中的生态伦理教育和生态智慧进行充分挖掘，逐步塑造和培育社区居民的生态伦理价值观和"人—自然—社会"的有机整体世界观。此外，要将现代社区绿色教育常规化和常态化。可以将社区绿色教育融入社区学校教学、社区各类文化活动创建和展示中去，对社区居民进行定期与不定期相结合的绿色知识培训，让他们在相关知识的学习、理解与掌握中自发提升其理念认知及实践参与的积极性和主动性。绿色社区、绿色文化这一软实力建设，会在无形之中构建起绿色社区建设的绿色化、生态化、科学化、现代化的环境与氛围，是助推绿色社区建设的又一重要力量。

最后，不断完善和强化绿色社区的领导与管理。建设绿色社区，涉及方方面面的事项，需要统筹协调多种关系并统一解决诸多难题。必须对绿色社区的统一领导与综合管理进行不断完善与强化，从而保证绿色社区建设有条不紊推进。一是建立绿色社区建设的统一领导机构，其功能和定位是统筹协调、综合处理绿色社区建设进程中的相关事项。二是绿色社区的综合管理是一种多主体广泛参与的管理体系。社区所在行政区划的行政主管部门领导或普通人员、居委会负责人、业委会（有的地方成立家委会）负责人、物业公司负责人、普通民众代表及其他民间组织的负责人等都可以申请并进入这一管理机构中来，明确内部分工和职责，对绿色社区实行综合治理。三是积极培育绿色社区治理的辅助队伍。如培育绿色社区志愿者队伍、绿色社区特派督察员队伍、绿色社区跨社区交流员队伍建设等，他们在绿色社区建设中可以发挥重要作用。

参考文献

［1］何学军，朱颖. 大学生生态文明教育［M］. 北京：航空工业出版社，2022. 06.

［2］陈能文. 大熊猫与生态文明［M］. 武汉：华中科技大学出版社，2022. 01.

［3］彭小中. 生态文明在株洲［M］. 长沙：湖南师范大学出版社，2022. 01.

［4］王甲旬. 新媒体生态文明教育论［M］. 武汉：武汉大学出版社，2022. 03.

［5］李宏伟. 生态文明人与自然和谐新时代［M］. 昆明：云南教育出版社，2022. 01.

［6］邱秋，赵忠龙. 生态法治生态文明建设的保障［M］. 昆明：云南教育出版社，2022. 01.

［7］黄锡生. 生态文明法律制度建设研究上［M］. 重庆：重庆大学出版社，2022. 12.

［8］周琼. 绿水青山生态文明建设的根基［M］. 昆明：云南教育出版社，2022. 01.

［9］徐鹤，徐正蓉. 金山银山：科技与生态文明建设［M］. 昆明：云南教育出版社，2022. 01.

［10］张海斌. 生态文明与环境法治国别区域生态环境法治动态［M］. 上海：上海人民出版社，2022. 07.

［11］罗志勇. 生态文明建设中的生态公正问题研究［M］. 苏州：苏州大学出版社，2022. 12.

［12］李文庆，李霞. 宁夏生态文明建设报告蓝皮书2022［M］. 银川：宁夏人民出版社，2022. 01.

［13］张欢，江芬，陈虹宇. 城市群生态文明协同发展机制与政策研究［M］. 北京：光明日报出版社，2022. 06.

［14］彭秀兰，孙晴. 新时代大学生生态文明素质教育［M］. 武汉：华中师范大学出版社，2022. 06.

［15］马建堂. 中国生态文明建设伟大思想指引伟大实践［M］. 北京：中国发展出版社，2022. 10.

［16］王建军. 生态文明视阈下青海省产业转型升级研究［M］. 北京：中国经济出版社，2022. 01.

［17］霍娟娟，王亚涛. 生态文明建设视域下马克思主义生态观的当代价值［M］. 长春：吉林大学出版社，2022.03.

［18］毛文永，李海生，姜华. 生态文明建设之路［M］. 北京：中国环境出版集团有限公司，2021.07.

［19］王宇飞，刘昌新. 生态文明与绿色发展实践［M］. 上海：上海科学技术文献出版社，2021.10.

［20］高标，唐恩勇，李思靓. 生态文明建设与环境保护［M］. 北京：台海出版社，2021.09.

［21］江丽. 马克思恩格斯生态文明思想及其中国化演进研究［M］. 武汉：武汉大学出版社，2021.11.

［22］罗贤宇. 当代中国公民生态文明价值观培育研究［M］. 北京：中央编译出版社，2021.12.

［23］张伏中. 生态文明示范创建湖南探索与实践［M］. 湘潭：湘潭大学出版社，2021.12.

［24］刘妍君，彭佩林. 生态文明与美丽中国建设研究［M］. 长春：吉林人民出版社，2021.10.

［25］吕文林. 中国农村生态文明建设研究［M］. 武汉：华中科技大学出版社，2021.11.

［26］刘建伟. 绿色发展与生态文明［M］. 西安：西安电子科技大学出版社，2020.01.

［27］李威. 生态文明的理论建设与实践探索［M］. 哈尔滨：黑龙江教育出版社，2020.03.

［28］杨朝霞. 生态文明观的法律表达［M］. 北京：中国政法大学出版社，2020.06.

［29］段玥婷，张吉. 生态文明理论诠释与生态文化体系研究［M］. 北京：中国书籍出版社，2020.12.

［30］展洪德. 面向生态文明的林业和草原法治［M］. 北京：中国政法大学出版社，2020.08.

［31］李正祥，杨锐铣，郭向周. 乡村生态文明与美丽乡村建设概论［M］. 昆明：云南大学出版社，2020.

［32］邓华. 生态文明思想下的旅游环境教育［M］. 长春：吉林人民出版社，2020.11.

［33］许利娟. 生态文明视域下的生态修复法律制度研究［M］. 北京：中国商业出版社，2020.12.

［34］丁桂馨. 新时代中国生态文明建设理论与实践研究［M］. 湘潭：湘潭大学出版社，

2020. 09.

[35] 李姗姗. 绿色差异化视角下促进生态文明建设的财税政策研究［M］. 昆明：云南大学出版社，2020.

[36] 刘永光. 基于生态文明体系的城市综合开发项目预评价研究［M］. 广州：华南理工大学出版社，2020. 02.

[37] 葛海鹰. 文明生态论［M］. 北京：国家行政管理出版社，2020. 01.